CLIP STUDIO PAINT
トレーニングブック

PRO／EX 対応

サイドランチ 著

亀小屋サト・界さけ・柳和孝・田嶋陸斗 作画

JN191730

まえがき

　現在、イラストを描く人の間で最も使われているペイントツールが CLIP STUDIO PAINT です。

　安価でありながら高性能な CLIP STUDIO PAINT は、その優秀さから、さまざまなユーザーのニーズに応えて、どんどんシェアを広げています。

　CLIP STUDIO PAINT は高性能であるがゆえに、とても多機能なソフトウェアです。

　たとえば「レイヤー」という機能は、ペイントツールには欠かせないものですが、その作成の方法だけでも幾通りかあり、またレイヤーの種類も 1 つや 2 つではありません。

　ある程度グラフィックソフトに慣れていれば直感的に使える部分は多いものの、初心者には少し迷ってしまうところがあるかもしれません。

　本書は、これから CLIP STUDIO PAINT をはじめる人が、イラストを描くための一通りの機能を「迷わず使える」ような構成を目指しました。

　レベル 0 ではインターフェースや各パレットの機能、代表的なツールなどの基本的な使い方を解説。レベル 1 から始まる各章では、主にイラストを描く作業について順を追って解説しています。

　最初のページから順番に機能を学んでいくのもよいですし、使いたい機能を目次や索引から逆引きして解説にふれるのもよいでしょう。

　ぜひページをめくりながら、CLIP STUDIO PAINTに触れてみてください。
　操作に慣れてくる頃には、きっとその優秀さを実感できると思います。

　本書を片手に、デジタルイラストを楽しんでいただけたら幸いです。

2018 年 5 月
サイドランチ

Contents

Level 0 　CLIP STUDIO PAINT の基本操作 ········· 9

本書の使い方

◆操作表記について

本書の操作表記は、特に断りがない限り Windows 版で記載されています。
macOS 版については、下記のように読み替えることで、Windows と同じ操作ができます。
また、iPad 版については、別売のキーボードを併用することで、macOS と同じ操作ができます。

Windows		macOS
Alt キー	➡	option キー
Ctrl キー	➡	⌘ キー
Enter キー	➡	return キー
Backspace キー	➡	delete キー
（マウスボタンを）右クリック	➡	control キーを押しながらマウスボタンをクリック

※本書の解説画面は、紙面での読みやすさを考慮して、CLIP STUDIO PAINT の「背景テーマ」を「淡色」に変更して掲載しています。環境設定については、本書の12ページを参考にしてください。

サンプルファイルについて

本書のサポートページでは、本書の内容をより理解していただくために、本文中で解説している CLIP STUDIO FORMAT ファイルのアーカイブ（ZIP形式）をダウンロードできます。
本書と合わせて、CLIP STUDIO PAINT の学習にご利用ください。

本書のサポートページ

http://www.sotechsha.co.jp/sp/1209/

解凍のパスワード

TBkurisuta
※パスワードは半角英数モードで
大文字／小文字を正しく入力してください。

● サンプルファイルの著作権は制作者に帰属し、この著作権は法律によって保護されています。これらのデータは、本書を購入された読者が本書の内容を理解する目的に限り、使用することを許可します。営利・非営利にかかわらず、データをそのまま、あるいは加工して配布（インターネットによる公開も含む）、譲渡、貸与することを禁止します。

● サンプルファイルについて、サポートは一切行っておりません。また、サンプルファイルを使用したことによって、直接もしくは間接的な損害が生じても、ソフトウェアの開発元、サンプルファイルの制作者、著者および株式会社ソーテック社は一切の責任を負いません。あらかじめご了承ください。

Level
0

CLIP STUDIO PAINT
の基本操作

CLIP STUDIO PAINT Training Book

ワークスペースについて

0-01

CLIP STUDIO PAINTの操作のために、ワークスペースを把握しましょう。

◆ ワークスペースのレイアウト

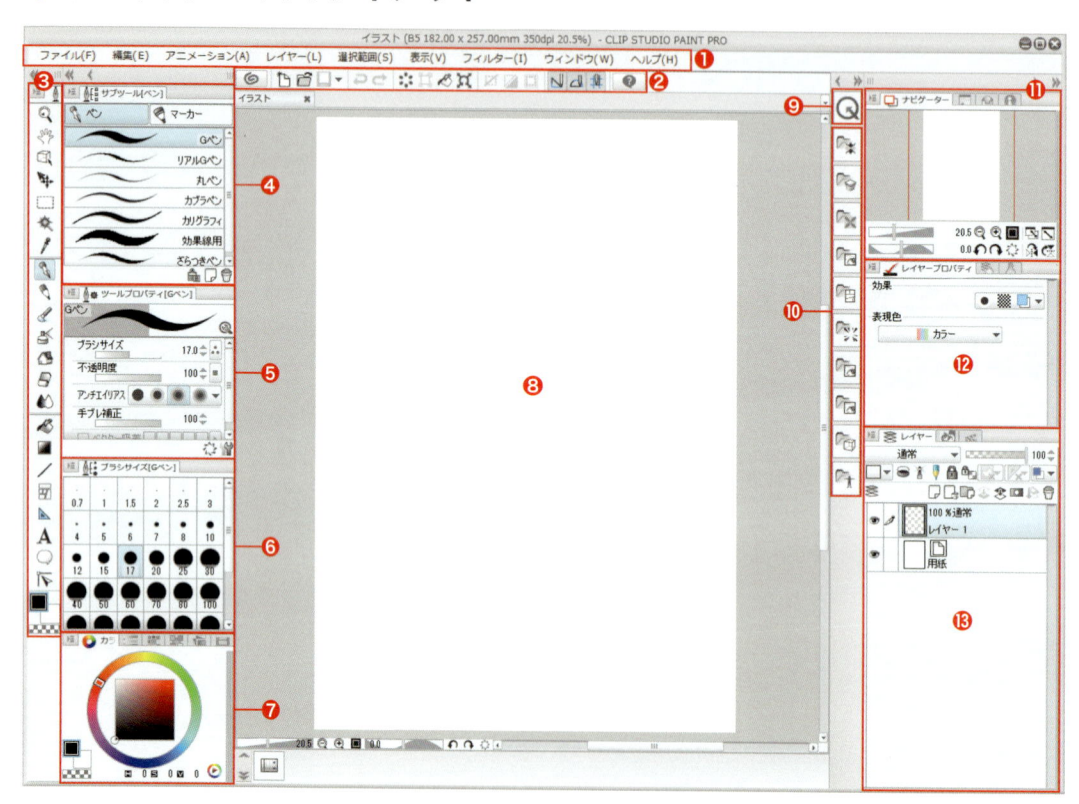

❶ メニューバー

新規ファイルの作成、保存、各種操作のメニューがあります。

❷ コマンドバー

各種操作のコマンドが並んでいます（次ページ参照）。

❸ ［ツール］パレット

各種ツールがボタンで並んでいます。

❹ ［サブツール］パレット

用途に合わせたサブツールを選べます。

❺ ［ツールプロパティ］パレット

サブツールの設定を変更できます。

❻ ［ブラシサイズ］パレット

ブラシサイズを選択できます。

❼ ［カラーサークル］パレット

描画色を選べます。

⑧キャンバス

描画作業を行うスペースです。

⑨ [クイックアクセス] パレット

よく使う機能を登録して素早く使えるように設定できます。

⑩ [素材] パレット

登録されている素材が格納されています。

⑪ [ナビゲーター] パレット

キャンバスの表示を編集します。

⑫ [レイヤープロパティ] パレット

レイヤーに対する各種効果を設定します。

⑬ [レイヤー] パレット

レイヤーの管理を行います。

◆ コマンドバー

❶ CLIP STUDIO を起動

CLIP STUDIO を起動します。

❷新規

新規キャンバスを作成します。

❸開く

ファイルを開きます。

❹保存

作成中のファイルを保存します。

❺取り消し

操作を取り消します。

❻やり直し

取り消した操作をやり直します。

❼消去

画像を消去します。

❽選択範囲外を消去

選択範囲の外の画像を消去します。

❾塗りつぶし

描画色で塗りつぶします。

❿拡大・縮小・回転

拡大・縮小・回転を行います。

⓫選択範囲を解除

選択範囲を解除します。

⓬選択範囲を反転

選択範囲を反転します。

⓭選択範囲の境界線を表示

選択範囲の境界線の表示／非表示を切り替えます。

⓮定規にスナップ

オンにすると、定規にスナップします。

⓯特殊定規にスナップ

オンにすると、特殊定規にスナップします。

⓰グリッドにスナップ

オンにすると、グリッドにスナップします。

⓱タイトルバーとメニューバーを表示／隠す

タイトルバーとメニューバーの表示／非表示を切り替えます（初期設定では表示されません）。

⓲ CLIP STUDIO PAINT サポート

Web ブラウザで CLIP STUDIO PAINT のサポートページを表示します。

Point 作業中に Tab キーを押すと、すべてのパレットの表示／非表示を切り替えることができます。

Point 作業中に Shift + Tab キーを押すと、メニューバーの表示／非表示を切り替えることができます。描画中などキャンバスを広く表示したいときに便利な機能です。

TIPS インターフェースの色

［ファイル］メニュー（macOSでは［CLIP STUDIO PAINT］メニュー）➡［環境設定］（ Ctrl ＋ K キー）を選択して表示される［環境設定］ダイアログボックスの［インターフェース］にある［カラー］で配色テーマや濃度調整を変更して、インターフェースの色味を変えることができます。

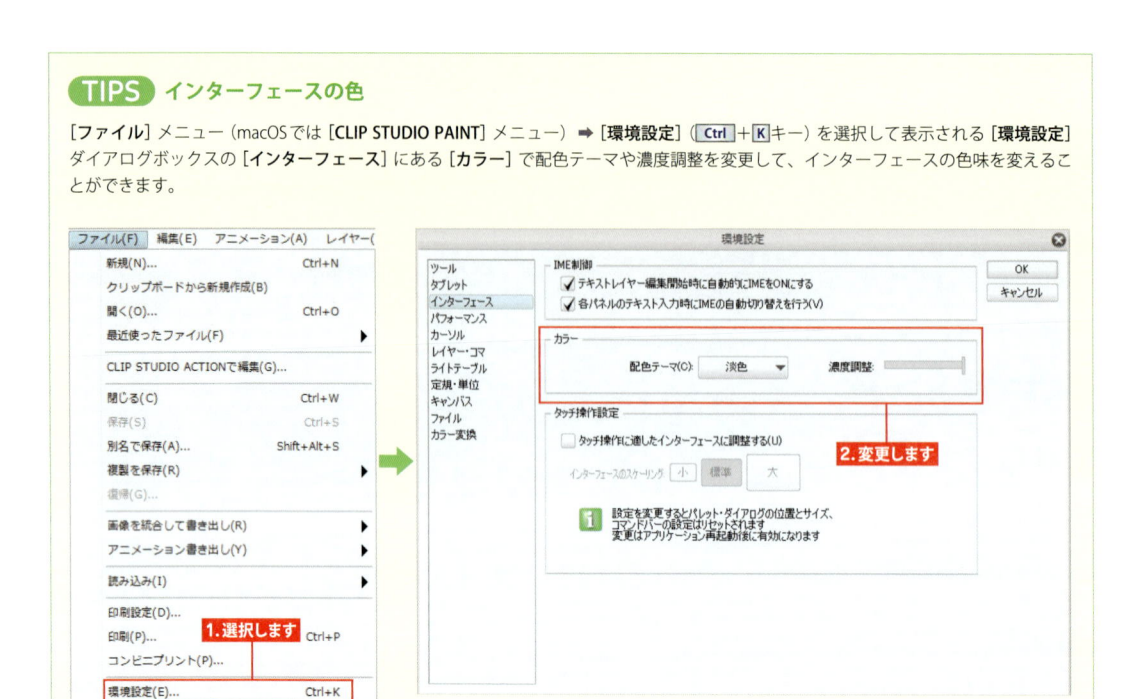

TIPS タッチ操作用のインターフェース

パソコンによっては、10ページで紹介したインターフェースの画面とは異なるタッチ操作用のインターフェースになっている場合があります。
上記の［環境設定］ダイアログボックス（ Ctrl ＋ K キー）の［インターフェース］にある［タッチ操作に適したインターフェースに調整する］をオフにすると通常のインターフェースに変更されます。
逆に、タッチ操作用のインターフェースにしたい場合はオンにしましょう。

iPad iPad版のワークスペース

iPad版は機能面ではPC版とほとんど変わりませんが、パレット類がアイコン化されているため、画面の見え方が少し変わって見えます。

新規キャンバスを作成する

0-02

CLIP STUDIO PAINTで制作するときは、作画するための原稿用紙となる「キャンバス」を作成します。

◆ 作品の用途

CLIP STUDIO PAINT では、作品の用途に合わせて新規キャンバスを作成できます。

1 [ファイル] メニュー ➡ [新規]（ Ctrl ＋ N キー）を選択します。

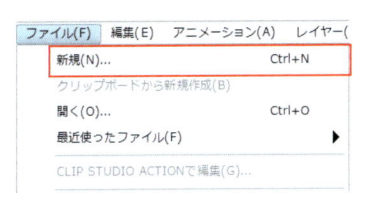

2 [新規] ダイアログボックスでは、イラストやマンガの作成に必要なキャンバス・ページファイルをデータとして作成できます。
[作品の用途] から項目を選択すると、用途に合わせた設定内容が表示されます。

❶イラスト

イラスト制作に必要な設定項目が表示されます。

❷コミック

マンガ制作に必要な設定項目が表示されます。

❸すべてのコミック設定を表示

より詳細なマンガ制作の設定項目が表示されます。

❹アニメーション

アニメーション制作に必要な設定項目が表示されます。

◆ イラスト用のキャンバスを作る

[**新規**] ダイアログボックスの [**イラスト**] を選択した場合の画面です。

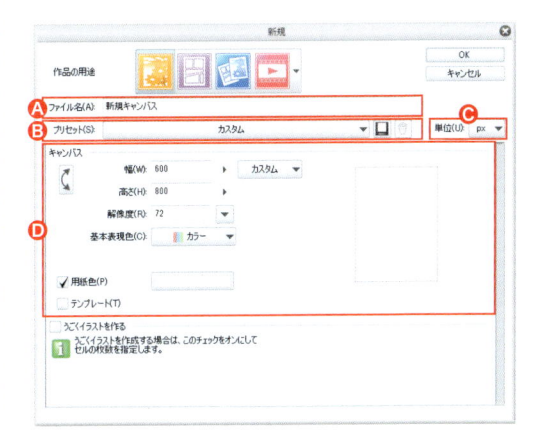

Ⓐファイル名

保存するファイル名を入力します。

Ⓑプリセット

❶プリセット

キャンバスの設定をプリセット（あらかじめ保存されている設定）一覧から選択できます。

❷プリセットに登録

設定中の内容を [プリセット] に登録します。

❸プリセットの削除

［プリセット］で選択したプリセットを削除できます。

※［プリセットの削除］で削除できるプリセットは、自分で［プリセット］に登録したものだけです。初期設定の項目は削除できません。

ⓒ単位

［幅］と［高さ］を設定するときの単位を、［**cm**］・［**mm**］・［**in**］・［**px**］・［**pt**］から選択します。

ⓓキャンバス

キャンバスのサイズなどを設定します。

❶幅・高さの入れ替え

キャンバスの横と縦の長さを入れ替えます。

❷幅

キャンバスの横の長さを設定します。

❸高さ

キャンバスの縦の長さを設定します。

❹ 既定のサイズ（キャンバスのサイズ）

キャンバスの［幅］・［高さ］を既定のサイズから選択できます。

❺解像度

キャンバスの解像度を入力します。▼をクリックすると、解像度を選択できます。

❻基本表現色

表現色の初期値を設定できます。［カラー］・［グレー］・［モノクロ］から選択できます。

TIPS　基本表現色

「表現色」とは、ファイルやレイヤーごとに選べる「色の基準」です。ファイルごとに選ぶのが、［**基本表現色**］です。新規ファイル作成時に、基本表現色を［カラー］・［グレー］・［モノクロ］から選択することができます。

TIPS　レイヤー表現色

基本表現色を設定した後でも、レイヤーごとにモノクロ、グレー、カラーの3種類の表現色を設定できます。

TIPS　解像度

解像度は「**dpi**」という単位で表されます。これは、1インチあたりのピクセル数を表す解像度で、値が大きいほど精細な画像になります。印刷用のカラーやグレーの画像だと300～350dpi、マンガなどのモノクロの場合（白黒のマンガは、［モノクロ］のデータで作成するのが一般的です）は600、もしくは1200dpiが適切とされています。

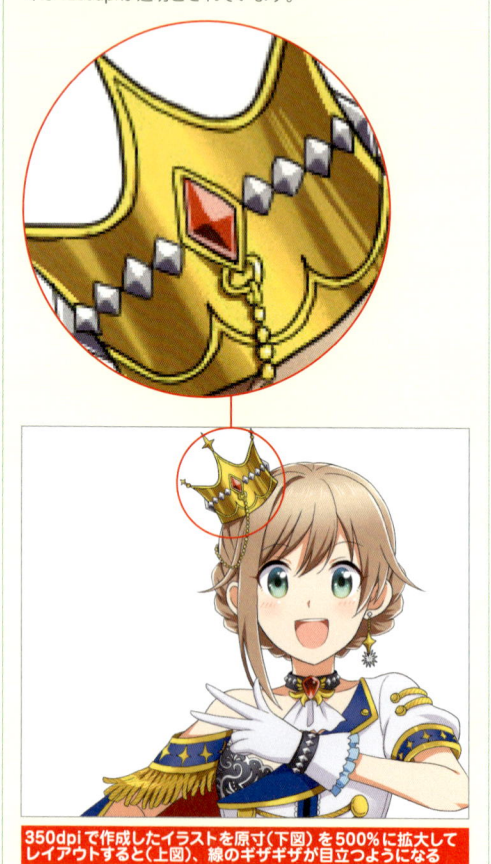

350dpiで作成したイラストを原寸（下図）を500%に拡大してレイアウトすると（上図）、線のギザギザが目立つようになる

Shortcut

複数のキャンバスを開いている場合、以下のショートカットでキーで表示を切り替えることができます。

• 次のキャンバスを開く

　[Ctrl] ＋ [Tab] キー

• 前のキャンバスを開く

　[Ctrl] ＋ [Shift] ＋ [Tab] キー

0-03 ファイルを保存する・ファイルを開く

描いたイラストを保存する方法と、その後再びファイルデータを開く方法を解説します。作業をしているときは、こまめにファイルを保存しておきましょう。

◆ ファイルを保存する

CLIP STUDIO PANIT専用の形式で保存する

CLIP STUDIO PANIT 専用 の 形式 が、**CLIP STUDIO FORMAT** です。

制作中の状態を完全に残して保存します。そのため、通常は CLIP STUDIO FORMAT で保存するのが基本です。拡張子は「**.clip**」です。

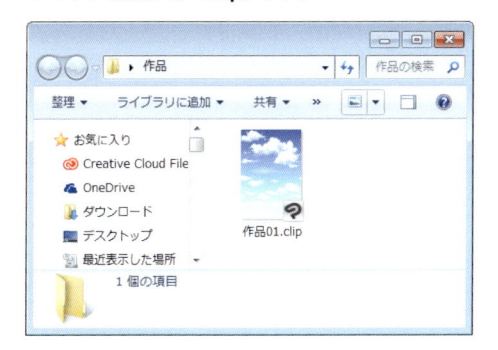

保存の方法

保存の方法には、[**保存**]・[**別名で保存**]・[**複製を保存**] の 3 つがあります。

作業中のファイルに上書き保存するときは[**保存**]、ファイル名を変えてバックアップを作成したり、別の画像形式で保存するときは[**別名で保存**]や「**複製を保存**」を選択します。

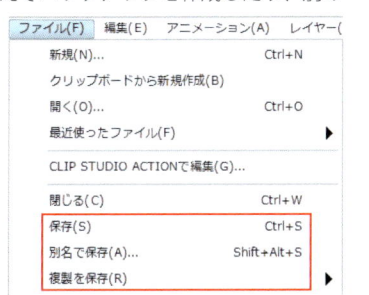

保存 (Ctrl + S)

現在開いているファイルの画像形式のまま、上書き保存します。

別名で保存 (Shift + Alt + S)

ファイル名や保存先を変更したり、画像形式を変更できます。

複製を保存

画像形式を変更して保存できます。[**別名で保存**]と同じように、保存先やファイル名を変更できます。

※[別名で保存]と[複製を保存]は、ほぼ同じような機能ですが、画像の形式を変更して保存するときには[複製を保存]の方が手早く行えます。

◆ さまざまな画像形式

CLIP STUDIO PAINT では、さまざまな画像形式で保存できます。

[**ファイル**] メニューから[**別名で保存**](Shift + Alt + S キー) や [**複製を保存**]を選択すると、保存する画像形式を変更できます。

BMP（拡張子：.bmp）

標準的なビットマップ画像の形式です。圧縮しないので画像は劣化しません。

JPEG（拡張子：.jpg）

圧縮してファイルサイズを小さくできます。よく使われている形式ですが、画像は劣化します。

PNG（拡張子：.png）

圧縮しますが、JPEG ほどファイルサイズは小さくなりません。ウェブ用にきれいな画像を使用したいときなどに使います。透過した画像を作成できます。

TIFF（拡張子：.tif）

非可逆圧縮で保存できるため高解像度の画像にする場合などに向いています。商用印刷の画像にも使われます。

Targa（拡張子：.tga）

主にアニメやゲームの制作現場で使用されている形式です。

Photoshop ドキュメント（拡張子：.psd）

Adobe Photoshop の画像形式です。レイヤー情報を保存できるため、CLIP STUDIO FORMAT と一部互換性があります。ただし、レイヤーの合成モード [**発光**] など、CLIP STUDIO PAINT から Photoshop 形式に引き継げない機能もあります。

Photoshop ビッグドキュメント（拡張子：.psb）

Adobe Photoshop の大きなサイズ用（300,000 ピクセルを超える場合）の画像形式です。

◆ ファイルを開く

[**ファイル**] メニュー ➡ [**開く**]（ Ctrl ＋ O キー）で開くことができます。開くことができる画像形式は、書き出せる画像形式と同じです（前述の「さまざまな画像形式」を参照）。

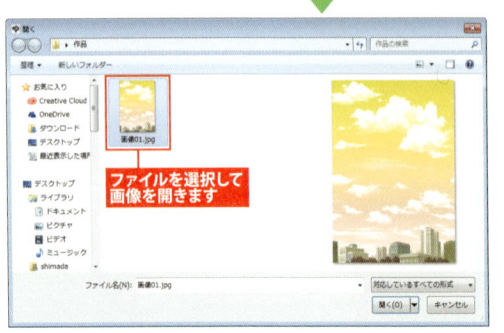

画像を再保存するときの注意点

JPEG や PNG など、CLIP STUDIO FORMAT 以外の画像形式のファイルを開き、編集してから [**ファイル**] メニュー ➡ [**保存**]（ Ctrl ＋ S キー）を選択すると、JPEG なら JPEG のまま保存されるため、レイヤー情報などは消えてしまいます。

作業中の状態を残したい場合には、必ず [**ファイル**] メニュー ➡ [**別名で保存**]（ Shift ＋ Alt ＋ S キー）、または [**複製を保存**] を選択して、[**CLIP STUDIO FORMAT**] を選んで保存しておきましょう。

0-04 画像を統合して書き出す

[ファイル] メニューの [画像を統合して書き出し] を選択することで、レイヤーを統合した状態で画像を書き出すことができます。

◆ 書き出し設定

[ファイル] メニュー ➡ [画像を統合して書き出し] を選ぶと、すべてのレイヤーを統合して、保存形式を選択して画像を書き出せます。

表示されたサブメニューから画像形式を選択することで、[書き出し設定] ダイアログが表示されます。

ここでは、JPEG 形式で書き出すときの例で解説します。レイヤーについての詳細は、27 ページを参照してください。

選択します

> **Point** [画像を統合して書き出し] で書き出せるファイル形式は、「0-03 ファイルを保存する・ファイルを開く」(15ページ) で解説したものと同じです。

❶ **出力時にレンダリング結果をプレビューする**

オンにすると、出力時に [書き出しプレビュー] ダイアログボックスが表示され、出力内容をプレビューで確認できます。

❷ **品質**

保存形式が JPEG の場合、保存される画像の品質を設定できます。数値が大きいほど画質を落とさず保存できます。数値を下げると圧縮されファイルサイズは軽くなりますが、画質は劣化します。

❸ **出力イメージ**

チェックを入れてオンにした項目が出力時に書き出されます。

❹ 表現色

出力される画像の表現色を下記の項目から選択できます。

- **最適な色深度を自動判別**
  各レイヤーの表現色を元にカラーが決定されます。
- **モノクロ 2 階調（閾値）**
  モノクロで書き出されます。グレーや黒白以外の色は、輝度によって黒か白どちらかに割り振られて出力されます。
- **モノクロ 2 階調（トーン化）**
  モノクロで書き出されます。グレーや黒白以外の色はキャンバスの [**基本線数**] でトーン化されて出力されます。
- **グレースケール**
  グレースケール（無彩色）カラーで書き出されます。
- **RGB カラー**
  画像が RGB カラーになって書き出されます。
- **CMYK カラー**
  画像が CMYK カラーになって書き出されます。
  ※ BMP・JPEG・PNG・Targa では選択できません。

[**ICC プロファイルの埋め込み**] にチェックを入れると、[**カラープロファイル**] で設定したプロファイルの設定が埋め込まれます。

[**カラープロファイル**] を設定していない場合は、[**環境設定**] ダイアログボックスで指定されているプロファイルが読み込まれます。

[**色の詳細設定**] ボタンをクリックすると、書き出される画像のトンボなどの色やトーンの線数について設定できます。

❺ 出力サイズ

書き出されるファイルのサイズを、下記の項目から選択できます。

- **元データからの拡縮率**
  元データとのサイズの比率で、書き出される画像のサイズを設定します。拡大縮小を行わない場合は、[**100.00%**] です。
- **出力サイズ指定**
  [**幅**]・[**高さ**]・[**単位**] を指定して、書き出される画像のサイズを設定します。
- **解像度**
  解像度を指定できます。72 ～ 1200dpi までの値を指定することができます。

❻ 拡大縮小時の処理

画像を拡大縮小するときの処理方法を設定できます。[**イラスト向き**] を選んだときは、常に [**品質優先**] で書き出されます。[**コミック向き**] を選んだときは、画像の品質を [**高速**] または [**品質優先**] から選べます。

［書き出しプレビュー］ダイアログボックス

[**書き出し設定**] ダイアログボックスで [**出力時にレンダリング結果をプレビューする**] にチェックを入れていると、書き出し時に [**書き出しプレビュー**] ダイアログボックスが表示されます。

❼ 品質

保存形式が JPEG の場合、保存する画像の品質を設定できます。数値が高いほど品質は高くなります。JPEG 以外の保存形式では設定できません。

❽ ファイルサイズ

保存形式が JPEG の場合、書き出されるファイルのサイズが表示されます。JPEG 以外の保存形式では表示されません。

TIPS アンチエイリアス

アンチエイリアスは、線のギザギザや、色の境界線をなめらかにする処理のことです。たとえば白地に黒い線を引いた場合、アンチエイリアス処理された線には黒と白の中間（グレー）ができ、拡大すると線がぼけたように見えます。
基本表現色 [**モノクロ**] は、グレーが使えないためアンチエイリアス処理はできないので、高解像度に設定しないと線のギザギザが目立ってしまいます（解像度については、14 ページを参照）。

COLUMN　EX版でできること

CLIP STUDIO PAINT の最上位モデルは EX 版です。EX 版は PRO 版より高額ですが、使える機能も増えているため、アプリの購入にあたり、迷うユーザーも多いでしょう。

EX 版ではどのようなことができるのでしょうか。

●マンガ制作のための機能

複数のページを管理できるのは、EX 版の大きな特徴です。

PRO 版でもマンガ制作は可能ですが、複数ページの管理はできないので、ページ順や左右の開きなどを把握しづらい面があります。

同人誌を作る場合、印刷所に Photoshop 形式や TIFF 形式で入稿しますが、EX 版だとすべてのページを一度に書き出せるほか、複数人でページごとに分担して作業できる機能や各ページのセリフを編集できるストーリーエディターなど、マンガ制作を進める上で便利な機能を備えています。

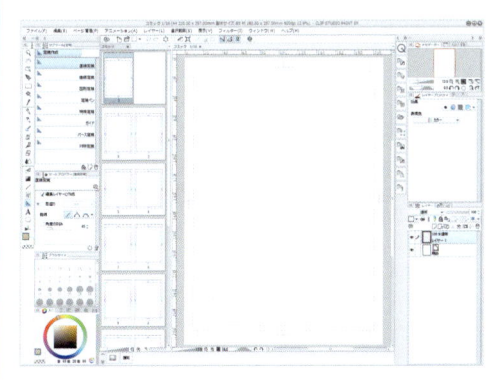

●LT 変換機能

EX 版独自の機能として大きなものといえば、LT 変換機能です。

LT 変換機能は、画像から線画を抽出したり、色面やトーンに自動変換する機能です。

写真や 3D モデルから線画を抽出することにより、複雑でリアルな背景を手軽に作成できるため、同人作家やマンガ家に好評の機能です。また、写真を加工できる幅が広がるので、デザイン的な用途にも使えるでしょう。

●プラグイン

EX 版ではプラグインが使えます。プラグインとはアプリの機能を拡張するもののことです。

[CLIP STUDIO] ➡ [プラグインストア] でプラグインを購入（無料のプラグインもあり）すると、自分の CLIP STUDIO PAINT に新しいフィルターなどを追加できます。

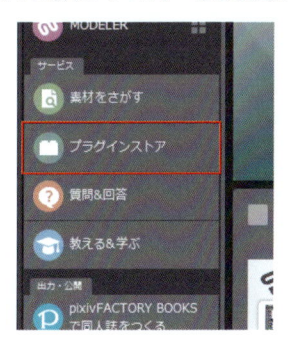

●アップグレードする手もある

EX 版はマンガ制作のための機能が PRO 版よりも充実しています。またプラグインが使えるのも魅力的です。

しかし、PRO 版でもコマ割りやフキダシなどのマンガ用の機能は使えるので、単ページ単位での作業になりますがマンガ制作ができないわけではありません。また、イラスト制作だけに使うのであれば PRO 版で十分かもしれません。

グレードで迷ったら、PRO 版をとりあえず購入して、必要に応じて EX 版にアップグレードするのもよいでしょう。

PRO 版を購入していれば、EX 版に優待価格でアップグレードできるので、調べてみましょう。

 **パレットの操作**

CLIP STUDIO PAINTのパレットの基本的な構造を把握しておきましょう。また、パレット類は、作業しやすいように配置をアレンジすることができます。

◆ パレットの構造

パレットにはさまざまな種類がありますが、各部の名称や基本的な仕組みは同じです。

例えば [**カラーサークル**] パレットは、以下のような構成になっています。

メニュー表示
クリックするとメニューが開き、各パレット固有の機能が実行できます。

タイトルバー
パレットの名称などが表示されます。

タブ
複数のパレットが同じフレームに収まっている場合は、タブをクリックすると別のパレットが表示されます。

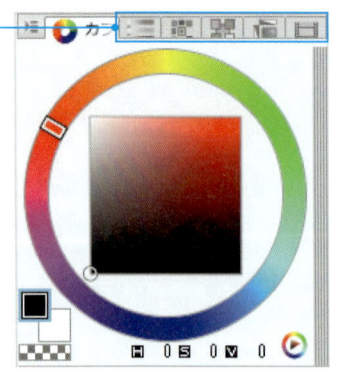

◆ パレットドックの幅

パレットドック（パレットが格納されているフレーム）の端を左右にドラッグすると、幅を拡げることができます。

ドラッグ

描画中の誤操作でパレットドックの幅を拡げてしまう場合があります。[**ウィンドウ**]メニュー ➡ [**パレットドック**] ➡ [**パレットドック幅を固定する**] を選択すると、パレットドックの幅を固定できます。

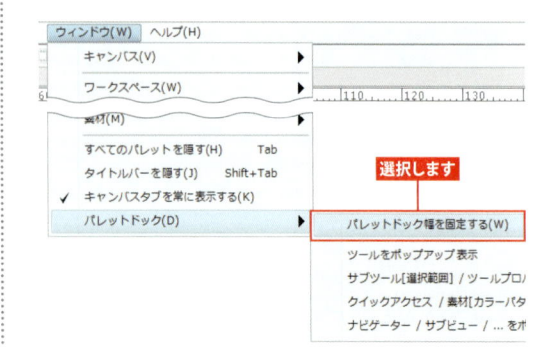

選択します

◆ パレット・パレットドックの移動

パレットのタイトルバーをつかむようにドラッグすると、パレットを移動できます。

パレットドックは、上部にマウスポインタを合わせてドラッグします。

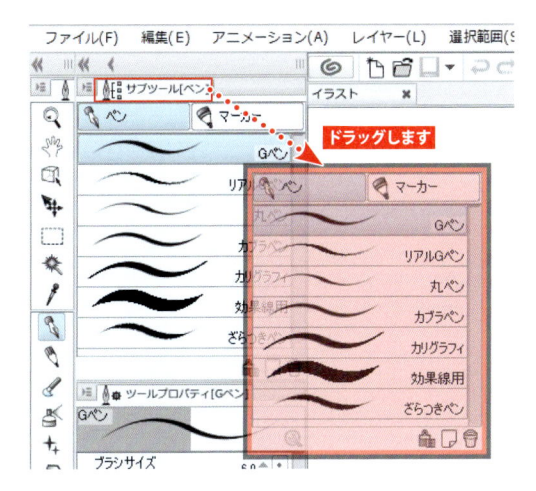

パレットを他のパレットドックに格納したり、パレットドックの位置を変更することができます。

気に入ったレイアウトは、[**ウィンドウ**] メニュー ➡ [**ワークスペース**] ➡ [**ワークスペースを登録**] で保存することができます。

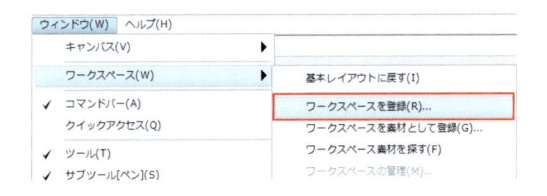

パレットのレイアウトを初期設定に戻したいときは、[**ウィンドウ**] メニュー ➡ [**ワークスペース**] ➡ [**基本レイアウトに戻す**] を選択します。

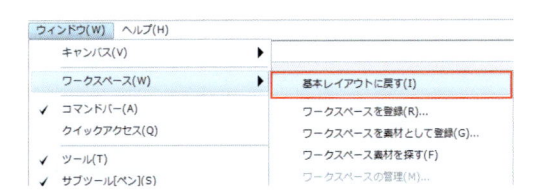

◆ パレットドックの最小化

パレットドックの上部にある [**パレットドックの最小化**] 《をクリックすると、パレットドックをたたむように小さくすることができます。

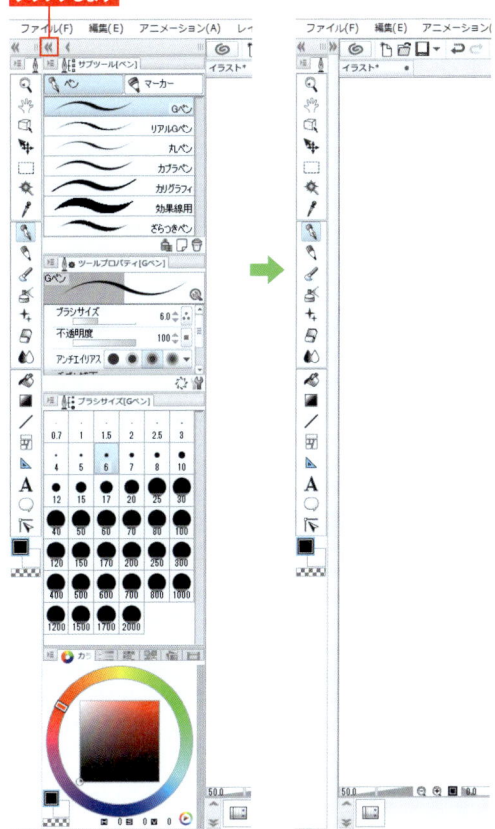

パレットの種類

0-06

CLIP STUDIO PAINT の作業で使用頻度の高い基本的なパレットの役割について覚えておきましょう。

◆ ツール系パレット

CLIP STUDIO PAINT でツールを使うときは、ツールごとに用意されているサブツールを選択します。

[ツール] パレットでツールを選択して [サブツール] パレットでサブツールを選択し、設定は [ツールプロパティ] パレットや [サブツール詳細] パレットなどで調整を進めるのが、基本的な操作の流れとなります。

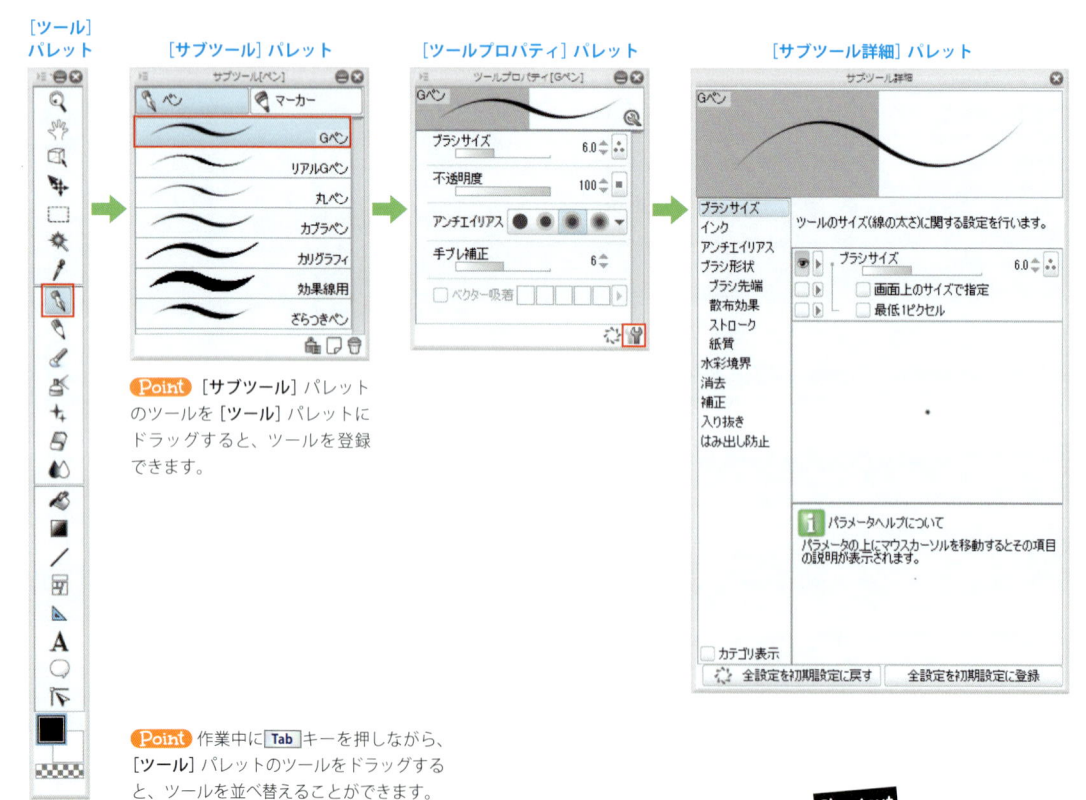

Point [サブツール] パレットのツールを [ツール] パレットにドラッグすると、ツールを登録できます。

Point 作業中に Tab キーを押しながら、[ツール] パレットのツールをドラッグすると、ツールを並べ替えることができます。

Point 作業中に Tab キーを押すと、すべてのパレットを非表示にして、キャンバスだけのウィンドウを表示することができます。元に戻すには、もう一度 Tab キーを押します。

Shortcut

- 前のサブツールに切り替え
  （，）（カンマ）キー

- 次のサブツールに切り替え
  （．）（ピリオド）キー

22

［ツール］パレット

ボタンをクリックして使用するツールを選択します。また、下部にあるカラーアイコンで描画色を確認できます。

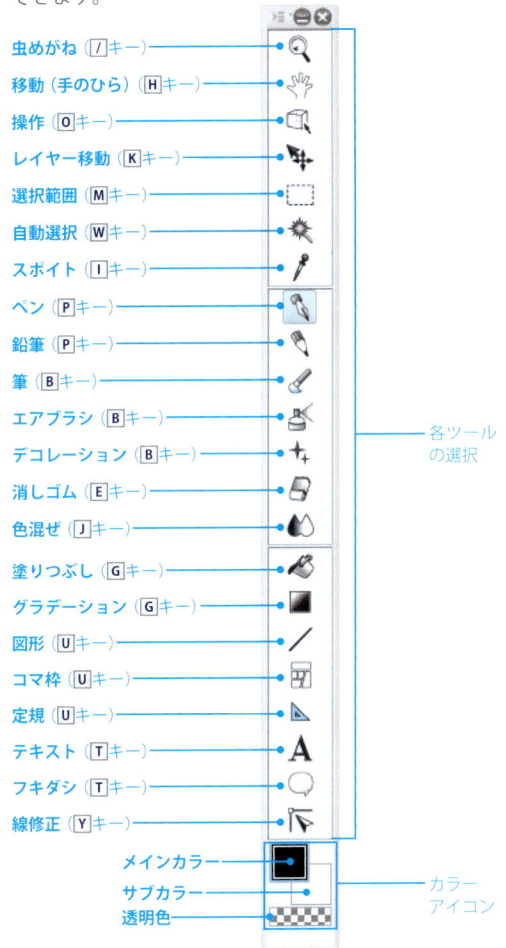

虫めがね （ / キー）
移動（手のひら）（ H キー）
操作 （ O キー）
レイヤー移動 （ K キー）
選択範囲 （ M キー）
自動選択 （ W キー）
スポイト （ I キー）
ペン （ P キー）
鉛筆 （ P キー）
筆 （ B キー）
エアブラシ （ B キー）
デコレーション （ B キー）
消しゴム （ E キー）
色混ぜ （ J キー）
塗りつぶし （ G キー）
グラデーション （ G キー）
図形 （ U キー）
コマ枠 （ U キー）
定規 （ U キー）
テキスト （ T キー）
フキダシ （ T キー）
線修正 （ Y キー）

各ツールの選択

メインカラー
サブカラー
透明色

カラーアイコン

Point 括弧の中にあるキー表示は、ショットカットキーです。同じショットカットキーのツールは、連続してキーを押すことで選択を変更できます。

Shortcut

- メインカラーと
  サブカラーの切り替え
  X キー

Shortcut

- 描画色と
  透明色の切り替え
  C キー

［サブツール］パレット

サブツールをリストから選択します。ツールによっては、グループで分けられている場合があります。

グループ

［ツールプロパティ］パレット

選択中のサブツールを設定するパレットです。

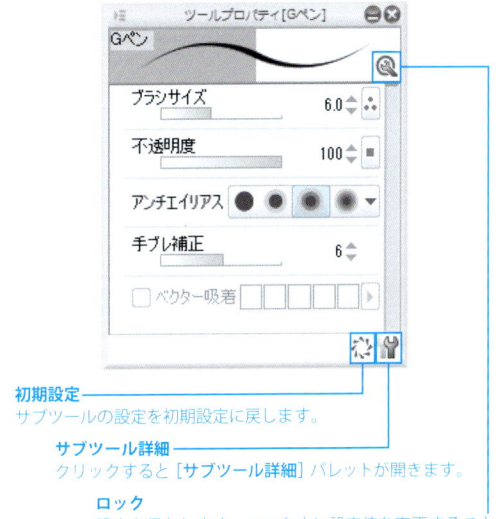

初期設定
サブツールの設定を初期設定に戻します。

サブツール詳細
クリックすると［サブツール詳細］パレットが開きます。

ロック
設定を保存します。ロック中に設定値を変更することはできますが、再度ロックしたサブツールを選択すると、ロックした設定になります。

［サブツール詳細］パレット

詳細にサブツールを設定するパレットです。

目のアイコン■が表示された項目は、［**ツールプロパティ**］パレットでも表示されます。

［ツールプロパティ］パレットに表示／非表示

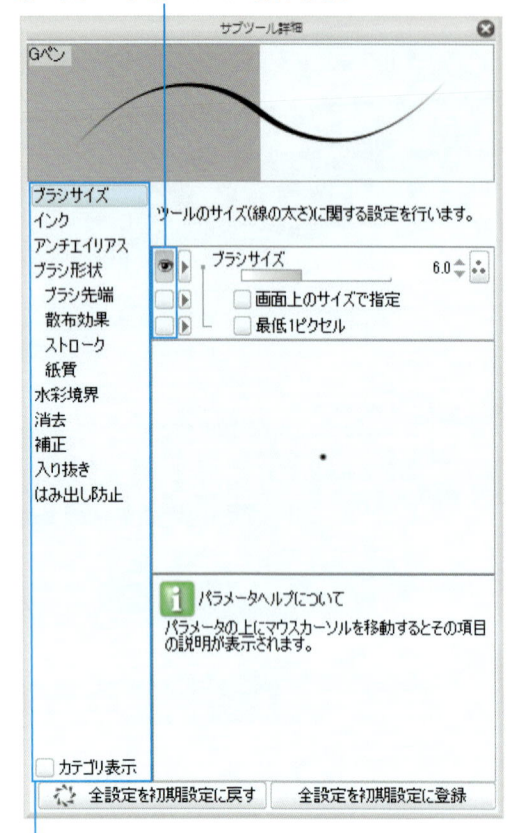

カテゴリ表示
設定が項目ごとに分類されています。

［ブラシサイズ］パレット

ブラシツールのブラシサイズをプリセットから選ぶことができます。

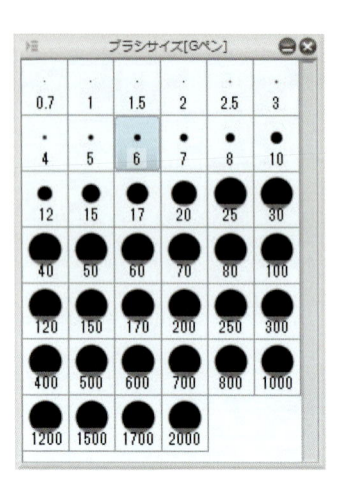

TIPS パレットが消えたら？

画面上にパレットが見つからないときは、［**ウィンドウ**］メニューを開いて表示したいパレットを選択してみましょう。表示中のパレットにはチェックが入っています。

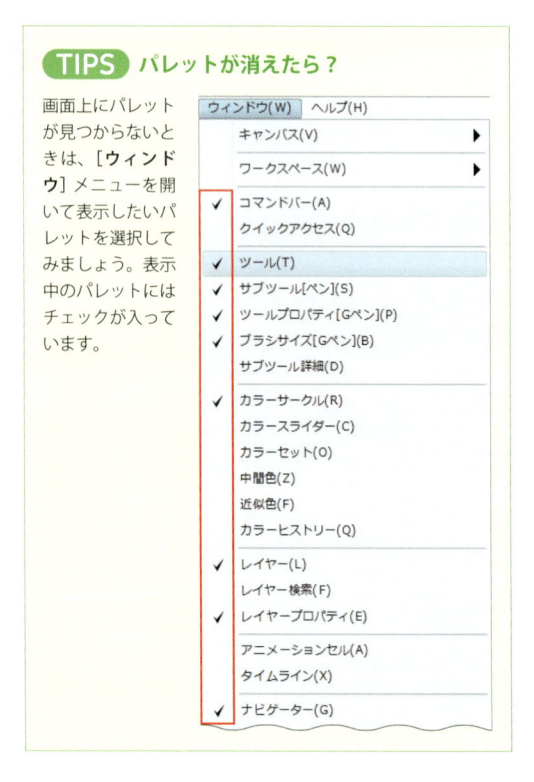

◆ カラー系パレット

描画色を設定するためのパレットです。それぞれのパレットについての詳細は、「1-02 描画色の選択」(60 ページ) も参照してください。

[カラーサークル] パレット

色相環から色相（色の種類）を選択して、色空間で彩度、明度などを調整できます（Level 3 参照）。

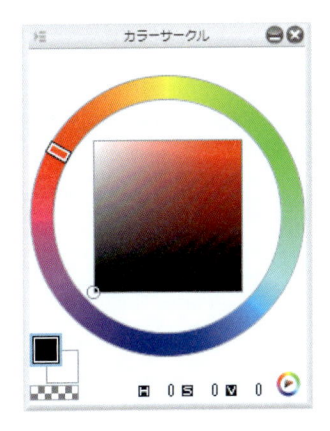

[カラーセット] パレット

プリセットから色を選択できます。

[カラースライダー] パレット

スライダーを調整して描画色を設定します。
CMYK や RGB など設定方法をタブで変更できます。

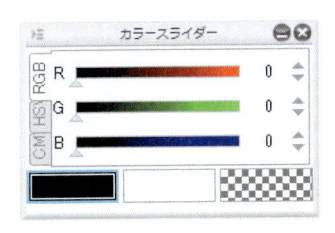

TIPS カラー系パレットの場所

カラー系パレットは、初期設定では左下にまとめられており、[カラーサークル] パレットが表示されています。上部のタブをクリックすると、他のカラー系パレットに切り替えることができます。

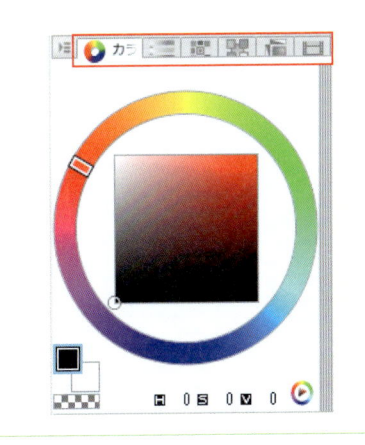

◆ レイヤー系パレット

[レイヤー] パレット

レイヤーを管理するパレットです (29 ページ参照)。

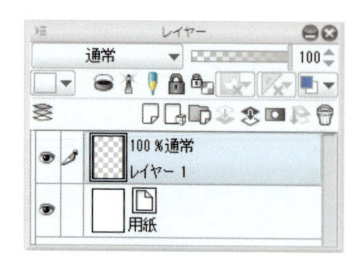

[レイヤープロパティ] パレット

レイヤーの設定をするパレットです。レイヤーの種類によって設定項目は変わります。

◆ [ナビゲーター] パレット

キャンバス表示の拡大・縮小・回転などを行えます (35 ページ参照)。

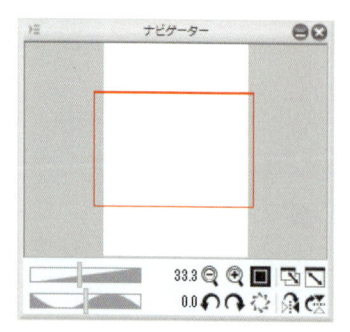

◆ [素材] パレット

素材を管理するパレットです (52 ページ参照)。

0-07 レイヤーの作成

CLIP STUDIO PAINTでは、レイヤーを分けて作業することで、効率よくお絵描きすることができます。

◆ レイヤーとは

レイヤーとは、イラストを要素ごとに描画するための機能です。透明のフィルムのようなものをイメージするとよいでしょう。

線画、ベースになる塗り、影の塗り、明るい照り返しの塗りなど、作業の内容やパーツごとに分けて作業できます。

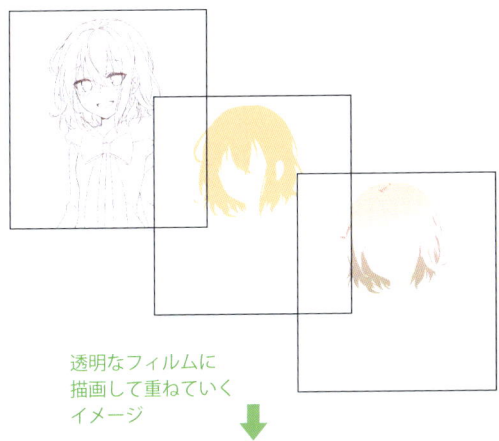

透明なフィルムに
描画して重ねていく
イメージ

編集レイヤー

選択中のレイヤーを**編集レイヤー**といいます。描画する編集レイヤーを切り替えながら作業していくのが基本です。

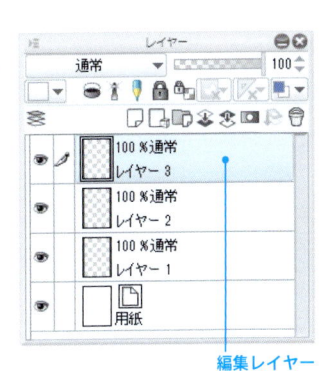

編集レイヤー

◆ 代表的なレイヤーの種類

ラスターレイヤー

最も基本のレイヤーです。通常の描画は、ラスターレイヤーで行います。

ベクターレイヤー

ベクター画像を作成できるレイヤーです。詳細は、「2-05 ベクターレイヤー」（101 ページ）を参照してください。

べた塗りレイヤー

1つの色でべた塗りされたレイヤーを作成できます。

グラデーションレイヤー

100 %通常
グラデーション 1

　グラデーションが描画されたレイヤーを作成できます（79 ページの「1-10 グラデーションを塗る」を参照）。

用紙レイヤー

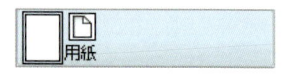

用紙

　下地になるレイヤーで、通常は白で塗りつぶされています。描画は一切できません。最下部に配置されます。

画像素材レイヤー

100 %通常
北欧カラーストライプ02_IS

　画像を読み込んだり、素材画像を貼り付けたりしたものは、画像素材レイヤーになります。

> **Point** この他にも、テキストレイヤー（184 ページの「5-01 文字を入力する」を参照）や色調補正レイヤー（175 ページの「4-07 色調補正レイヤー」を参照）などがあります。

◆ レイヤーの作成

メニューから作成

　レイヤーを作成するときは、[**レイヤー**] メニュー ➡ [**新規レイヤー**] から作成したいレイヤーのタイプを選びます。

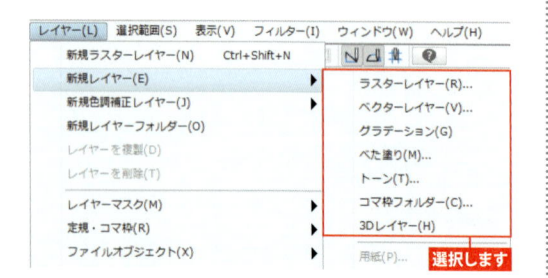

［レイヤー］パレットから作成

　[**レイヤー**] パレットからは、ラスターレイヤーとベクターレイヤーを作成できます。

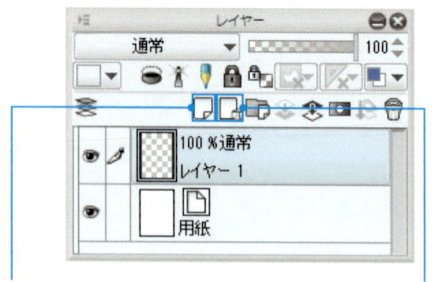

[新規ラスターレイヤー]
クリックしてラスターレイヤーを作成します。

[新規ベクターレイヤー]
クリックしてベクターレイヤーを作成します。

TIPS　ラスタライズ

ベクターレイヤーでは、[**塗りつぶし**] ツールなどの一部のツールが使えません。また、画像素材レイヤーは大きさや位置などを編集できますがブラシツールは使えません。
このようなレイヤーを編集する際に、ラスターレイヤーに変換することで、機能を十分に使えるようになる場合があります。これを「ラスタライズ」といいます。
ラスタライズは、[**レイヤー**] メニュー ➡ [**ラスタライズ**] を選択して実行します。

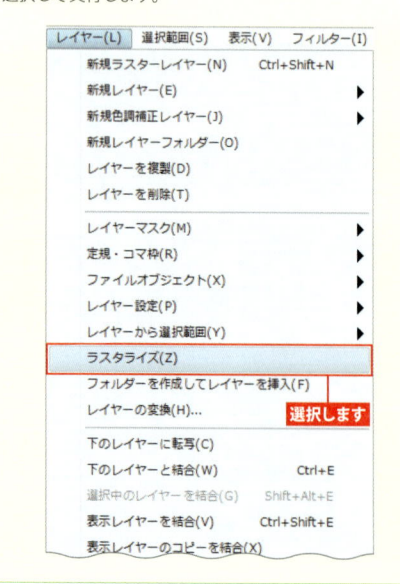

0-08 レイヤーの管理

レイヤーは、[レイヤー] パレットでレイヤー順を変えたり結合したりしながら管理します。

◆ レイヤー順の変更

[**レイヤー**] パレットでレイヤー順を変更できます。

上にあるレイヤーの画像ほど、キャンバスでは前面に表示されます。

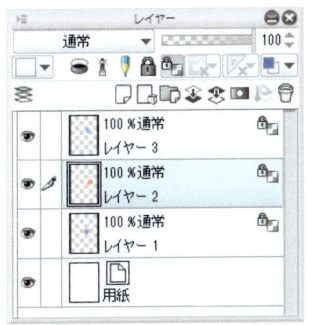
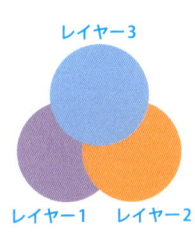

◆ レイヤー名の変更

レイヤー名の欄をダブルクリックすると、レイヤー名を変更できます。

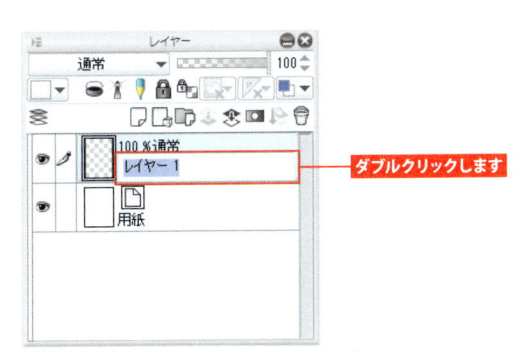

ダブルクリックします

◆ レイヤーの表示／非表示

目のアイコン👁をクリックして、レイヤーの表示／非表示を切り替えられます。

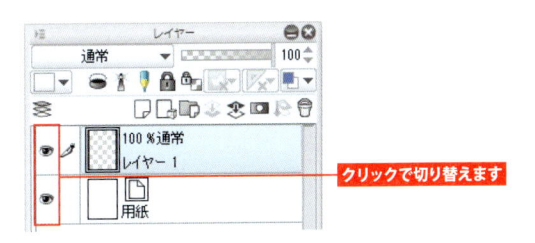

クリックで切り替えます

◆ レイヤーの複数選択

すでに選択している編集レイヤー以外のレイヤーも複数選択したい場合、目のアイコン👁の右側にあるエリア□をクリックして、選択したいレイヤーにチェックマーク✓を入れると、複数選択できます。

また、 Ctrl キーを押しながらクリックしても、レイヤーを複数選択することができます。

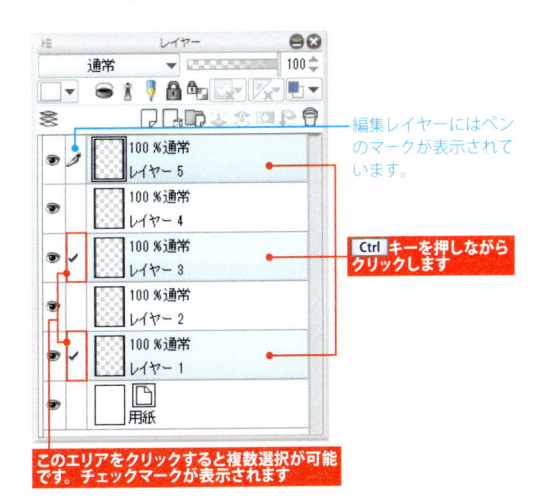

編集レイヤーにはペンのマークが表示されています。

Ctrl キーを押しながらクリックします

このエリアをクリックすると複数選択が可能です。チェックマークが表示されます

ひと続きに並んだレイヤーの両端を Shift キーを押しながらクリックすると、まとめて選択できます。

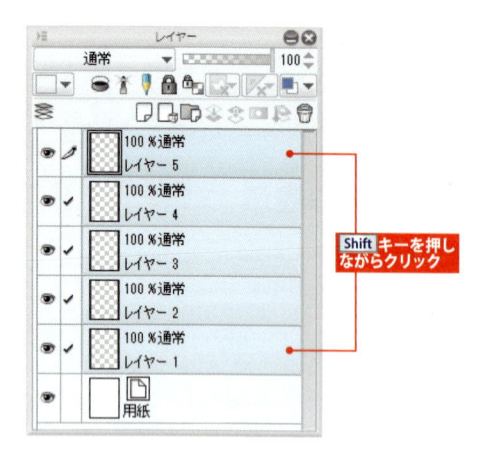

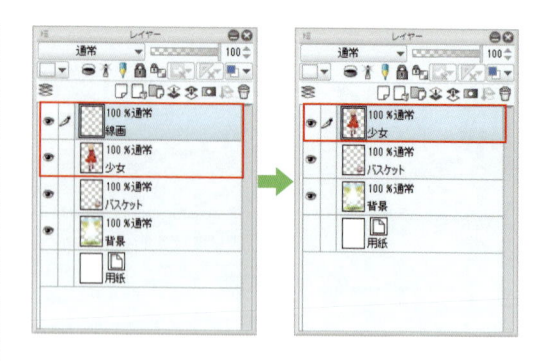

表示レイヤーを結合

表示中のレイヤーを結合します。

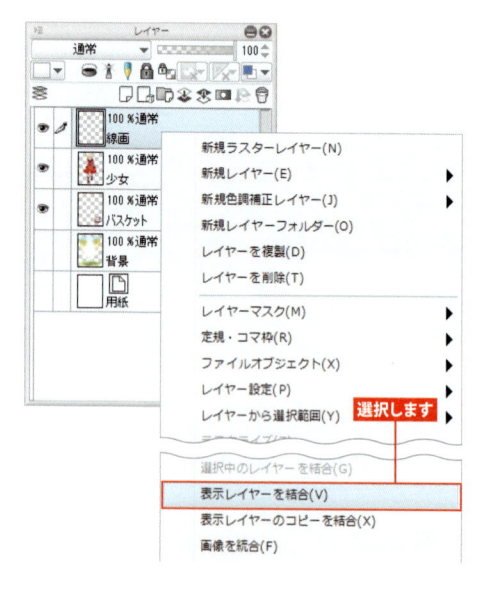

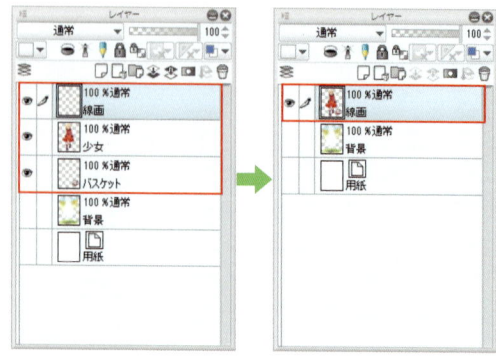

◆ レイヤーの結合

レイヤーが分かれて作業しにくい場合は、レイヤーを結合します。

Point 一度結合したレイヤーは元に戻せないため、無理にレイヤーを結合する必要はありません。

下のレイヤーと結合

下にあるレイヤーを結合します。

表示レイヤーのコピーを結合

表示中のレイヤーを結合したレイヤーが作成され、結合前のレイヤーもそのまま残ります。

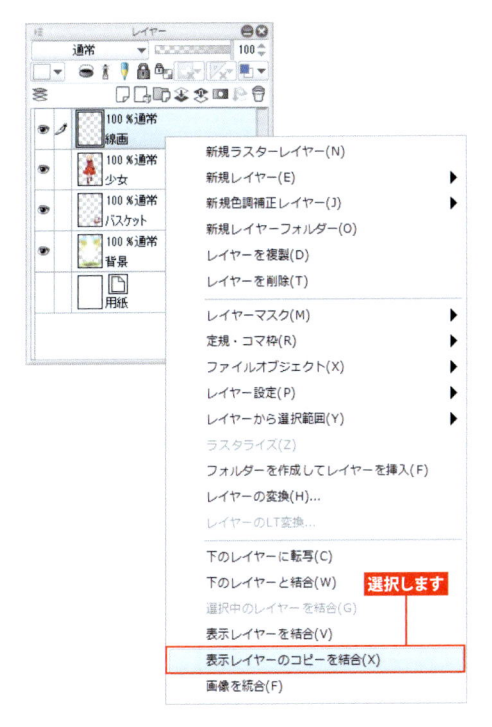

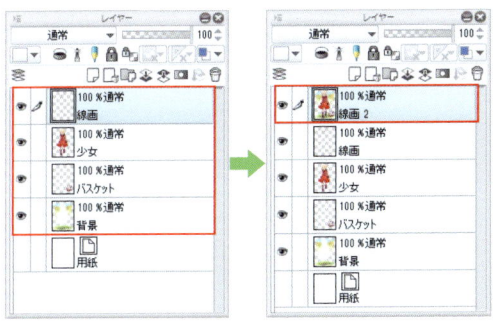

画像を統合

すべてのレイヤーが結合され、1つのレイヤーになります。

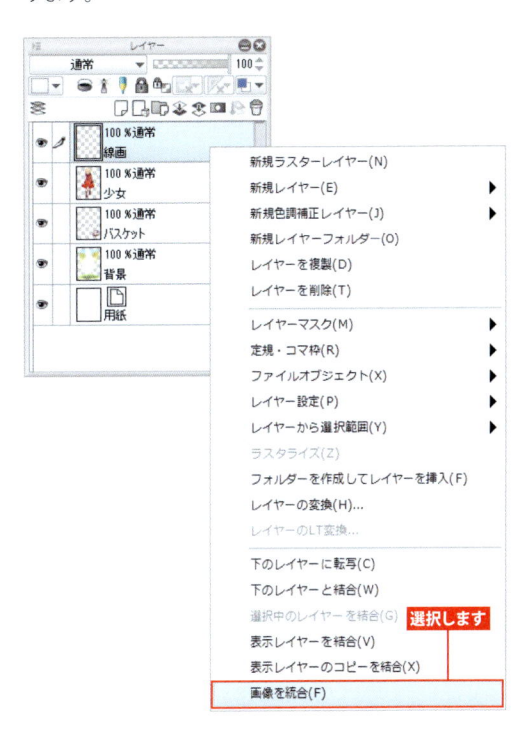

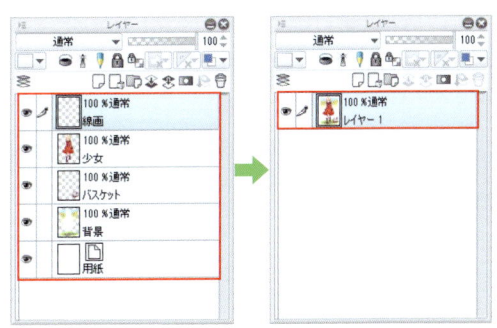

◆ レイヤーフォルダー

レイヤーを分類分けしてフォルダーにまとめて収めることができます。このフォルダーを「**レイヤーフォルダー**」と呼び、レイヤーを整理するのに便利です。

レイヤーフォルダーを作成する

［**レイヤー**］メニュー ➡ ［**新規レイヤーフォルダー**］で作成できます。

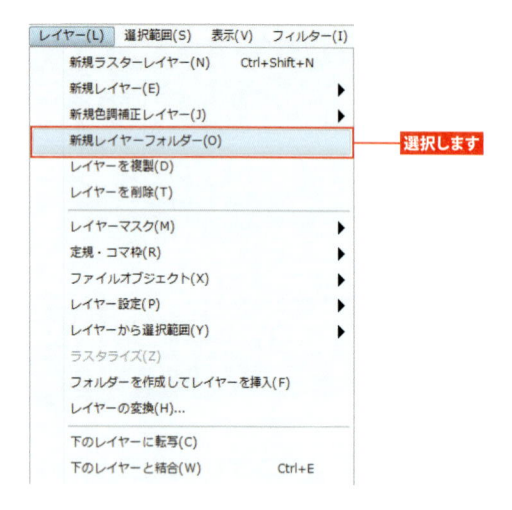

選択します

また、［**レイヤー**］パレットの［**新規レイヤーフォルダー**］をクリックしても、レイヤーフォルダーを作成できます。

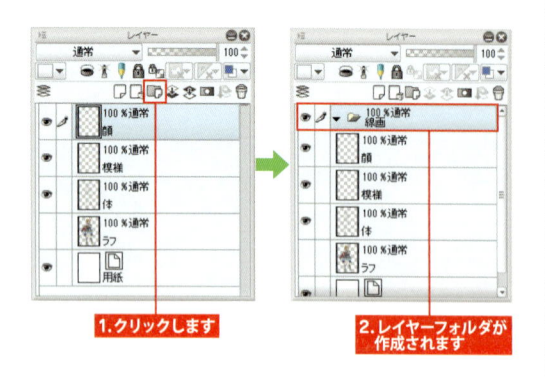

1.クリックします

2.レイヤーフォルダが作成されます

ドラッグ＆ドロップでレイヤーをレイヤーフォルダーに格納して管理するとよいでしょう。

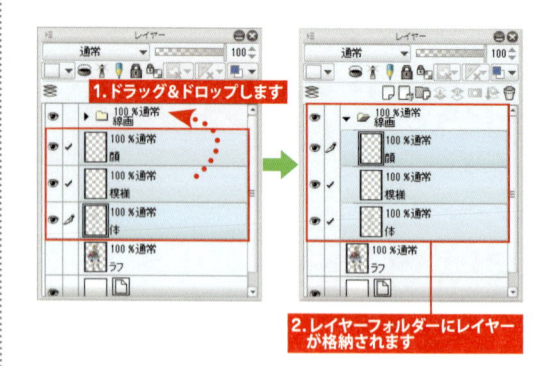

1.ドラッグ＆ドロップします

2.レイヤーフォルダーにレイヤーが格納されます

0-09 取り消しとやり直し

操作を誤ったときや線を引き直したいときは、［取り消し］を実行しましょう。

Level 0

◆ 取り消し

［編集］メニュー ➡ ［取り消し］（ Ctrl ＋ Z キー）を選択して、操作を取り消すことができます。

　ショートカットキーが便利なので、覚えておくとよいでしょう。

選択します

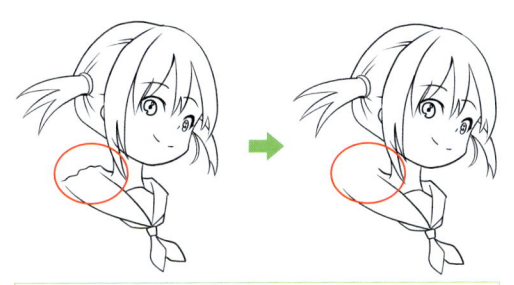

TIPS 取り消し回数

［ファイル］メニュー（macOSでは［CLIP STUDIO PAINT］メニュー）➡ ［環境設定］（ Ctrl ＋ K キー）を選択して表示される［環境設定］ダイアログボックスの［パフォーマンス］にある［取り消し］の設定項目で取り消し回数を設定できます。また、「描画終了後、別の取り消し対象と判断するまでの時間」に数値を入れると、その数値の時間の間に描画したものが、1回の［取り消し］の対象になります（単位はミリ秒）。

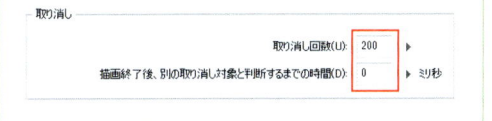

◆ ［ヒストリー］パレット

［ヒストリー］パレットは、操作の履歴を管理できるパレットです。

　［ウィンドウ］メニュー ➡ ［ヒストリー］を選択すると、［ヒストリー］パレットを表示できます。

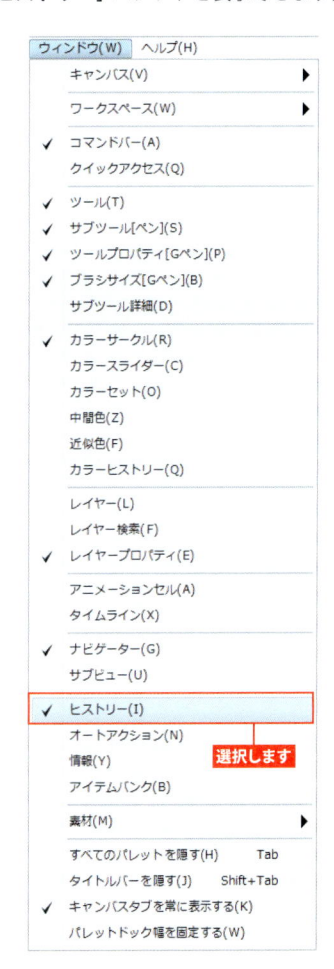

選択します

作業した操作内容が上（古い）から下（新しい）へと表示されます。

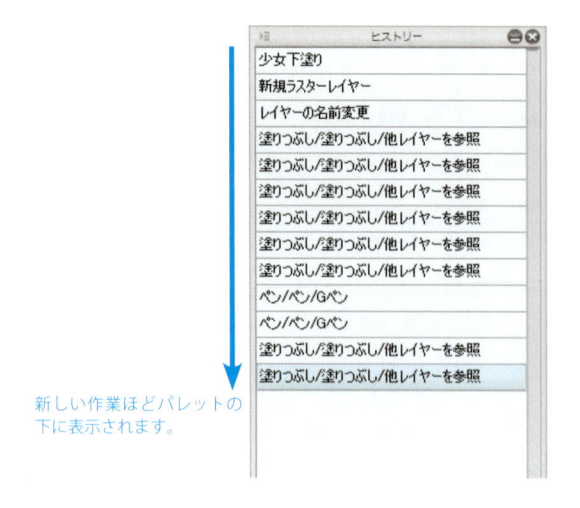

新しい作業ほどパレットの
下に表示されます。

操作の項目をクリックすると、その時点まで操作を戻すことができます。

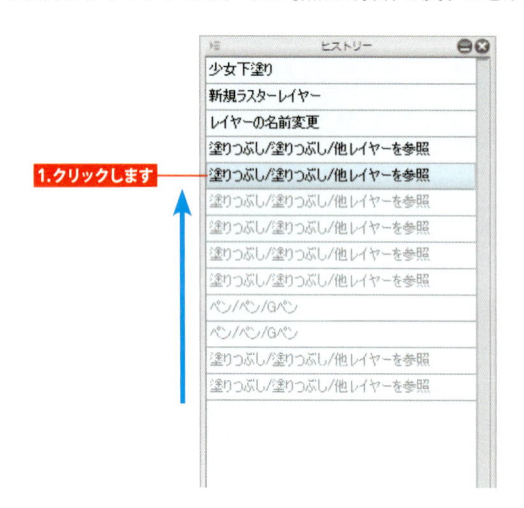

1.クリックします

1. 選択した時点まで操作が戻ります

◆ やり直し

[**取り消し**] をした後で、取り消し前の状態に戻したい場合は、
[**編集**] メニュー ➡ [**やり直し**]（ Ctrl + Y キー）を選択します。
[**取り消し**]（ Ctrl + Z キー）とセットで覚えておきましょう。

編集(E)	アニメーション(A)	レイヤー(L)	選択範
取り消し(U)		Ctrl+Z	
やり直し(R)		Ctrl+Y	
切り取り(T)		Ctrl+X	
コピー(C)		Ctrl+C	
貼り付け(P)		Ctrl+V	
消去(E)		Del	
選択範囲外を消去(O)		Shift+Del	

0-10 キャンバス表示の操作

キャンバス表示の操作方法を解説します。作業の効率化のためにショートカットキーも覚えておくとよいでしょう。

◆ ［ナビゲーター］パレット

［ナビゲーター］パレットでは、キャンバス表示の位置や倍率、角度を変更することができます。

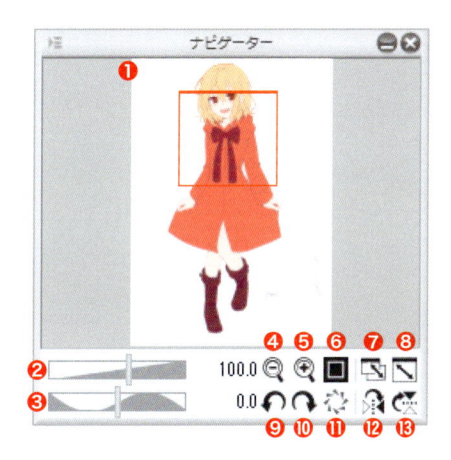

❶イメージプレビュー

画像全体をプレビューで確認できます。

キャンバス表示は赤い枠で表されています。

キャンバスの状態

❷拡大・縮小スライダー

拡大・縮小をスライダーで調整できます。

❸回転スライダー

キャンバス表示の角度をスライダーで調整できます。

❹ズームアウト

クリックすると、縮小表示します。

❺ズームイン

クリックすると、拡大表示します。

❻100%

クリックすると、画像が100%で表示されます。

❼フィッティング

クリックしてオンの状態にすると、キャンバスウィンドウに合わせて画像全体が収まるように表示されます。ウィンドウを拡げたりすると、連動して画像の表示倍率も変わります。

［フィッティング］を使用しない場合は、再度クリックしてオフにします。

❽全体表示

クリックすると、キャンバスウィンドウに合わせて画像全体が収まるように表示されます。

ウィンドウのサイズを変えても連動しません。

❾左回転

クリックすると、左に回転します。

❿右回転

クリックすると、右に回転します。

⓫回転をリセット

回転操作で角度がついたキャンバス表示を元の状態にリセットできます。

⓬左右反転

クリックすると、左右反転します。反転表示をやめて元に戻したい場合は、再度クリックします。

⓭上下反転

クリックすると、上下反転します。反転表示をやめて元に戻したい場合は、再度クリックします。

◆ ショートカットで表示を回転

角度によって線が引きにくい場合は、左回転（[-]キー）、右回転（[∧]キー）でキャンバス表示を回転するとよいでしょう。

キャンバス表示を回転する方法はいくつもありますが、それぞれ結果は同じなので、自分の使いやすい操作方法を選びます。

そのなかでも最も手早くできるのが、[Shift]キーを押しながらマウスホイールを動かすキャンバス表示の回転です。

◆ メニューから表示を調整

[表示]メニューから項目を選択してキャンバス表示を変更することができます。各操作の内容は[ナビゲーター]パレットと同じです。

[ズームイン]（[Ctrl]＋[+]（テンキー））[ズームアウト]（[Ctrl]＋[-]（テンキー））[全体表示]（[Ctrl]＋[0]キー）などは、ショートカットキーを覚えておくと便利です。

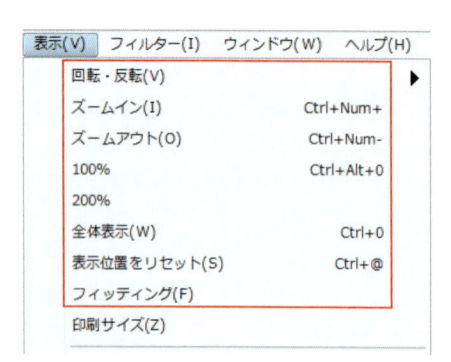

◆ [虫めがね]ツール

[虫めがね]ツール ➡ [ズームイン]サブツールを選択して、キャンバス上をクリックすると、表示を拡大表示することができます。

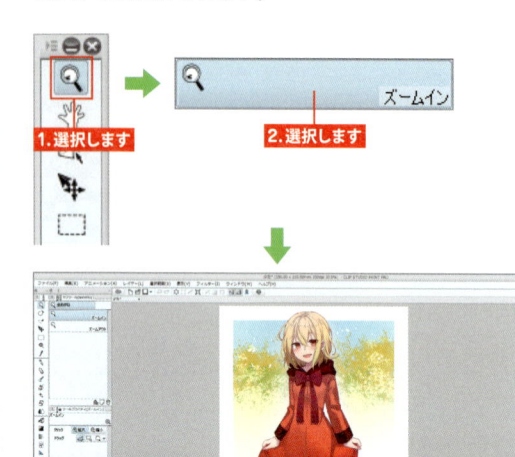

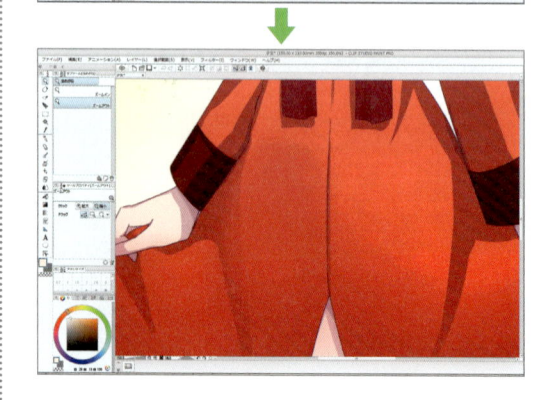

［**ズームアウト**］サブツールを選択すると、縮小表示できます。

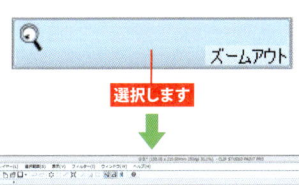

選択します

ドラッグ操作

［**虫めがね**］ツールを選択してキャンバス上でドラッグ操作すると、拡大・縮小して表示できます（［**ズームイン**］・［**ズームアウト**］どちらでも可）。

［**虫めがね**］ツールもショートカットキーを覚えておくと、効率よく作業できます。

元画像

拡大

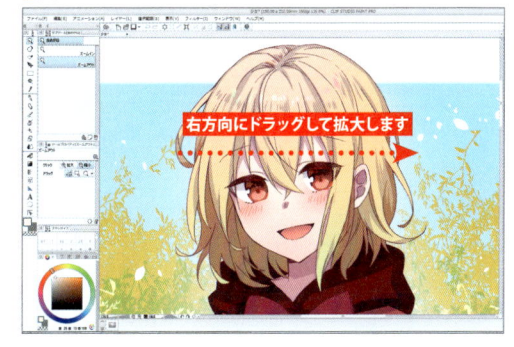

右方向にドラッグして拡大します

縮小

左方向にドラッグして縮小します

Shortcut

- ［**虫めがね**］**ツール**（［ズームイン］サブツール）
  Ctrl ＋ Space キー
- ［**虫めがね**］**ツール**（［ズームアウト］サブツール）
  Alt ＋ Space キー

不透明度を変更する

0-11

レイヤーは元々透明で、描画したところは不透明部分になります。不透明度を変更して濃淡を調整する
方法を学びましょう。

◆ レイヤーの不透明度

［**レイヤー**］パレットで［**不透明度**］のバーを調整し、
画像の不透明度を変更できます。

不透明度

数値入力も可能です。

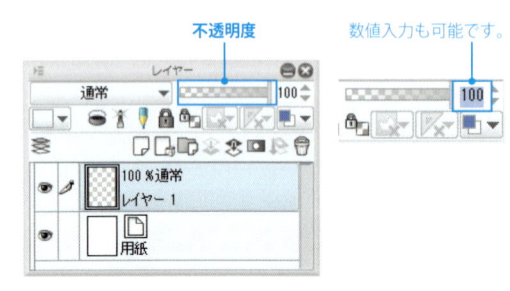

［**不透明度**］はレイヤーごとに変更します。以下の例
は、線画のレイヤーだけ不透明度を変更しています。

不透明度：15　　　　　　不透明度：50

不透明度：100

◆ 複数レイヤーの不透明度

複数のレイヤーの不透明度を同時に変更したい場合
は、レイヤーフォルダーを使うとよいでしょう。

1 ここでは、複数レイヤーからなる画像全体の不透
明度を変更します。まずはレイヤーフォルダーを
作成します。

レイヤーフォルダー
を作成します

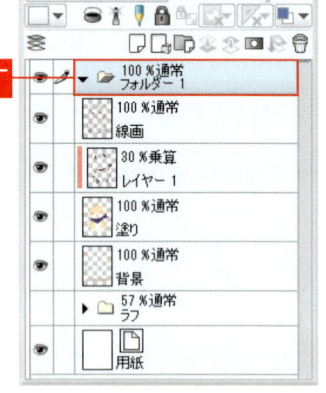

2 不透明度を変
更したいレイ
ヤーをすべて
選択します。
この場合は、
ラフ以外を対
象にして、複
数選択してい
ます。

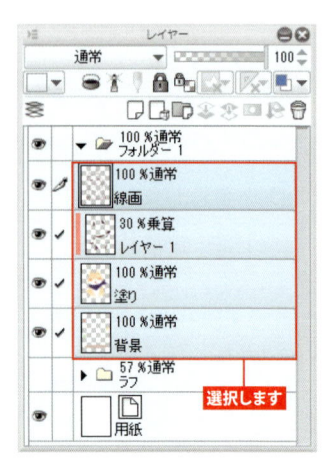

選択します

3 選択したレイヤーをドラッグ＆ドロップでレイヤーフォルダーに収めます。

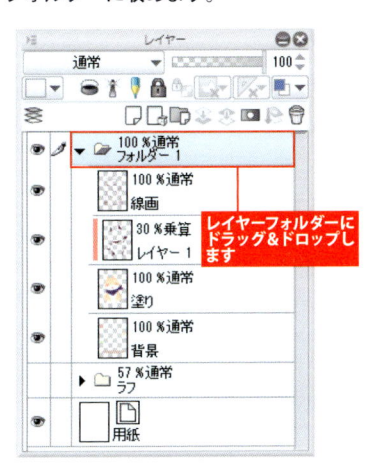

4 レイヤーフォルダーの不透明度を変更すると、画像全体の不透明度が変更されます。

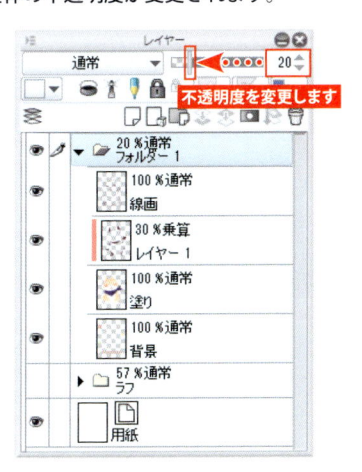

TIPS **レイヤーの不透明度を活用する**

レイヤーの不透明度の変更は、レイヤーで効果を加えたときの効果の強さの調整にも役立ちます。
たとえば合成モード（135ページ参照）や、色調補正レイヤー（175ページ参照）などは、不透明度で効果を弱めたりすることができます。

TIPS **ブラシツールの不透明度**

ブラシツールにも不透明度の設定があります（58ページ参照）。[ツールプロパティ] パレットに設定がない場合は、[サブツール詳細] パレットの [インク] カテゴリーで不透明度を調整できます。

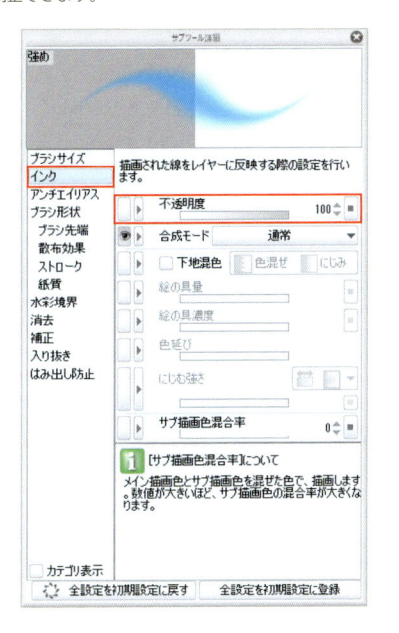

 **0-12**

選択範囲を作成する

選択範囲を作成して、画像の編集する範囲を限定することができます。

◆ すべて選択

［選択範囲］メニュー ➡ ［すべてを選択］（ Ctrl ＋ A キー）を選択すると、キャンバス全体を選択できます。

選択範囲(S)	表示(V)	フィルター(I)	ウィン
すべてを選択(A)		Ctrl+A	
選択を解除(D)		Ctrl+D	
再選択(R)		Ctrl+Shift+D	
選択範囲を反転(I)		Ctrl+Shift+I	
選択範囲を拡張(E)...			
選択範囲を縮小(U)...			
境界をぼかす(B)...			

◆ 再選択

［選択範囲］メニュー ➡ ［再選択］（ Ctrl ＋ Shift ＋ D キー）を選択すると、最後に作成して選択を解除した選択範囲を再選択できます。

選択範囲(S)	表示(V)	フィルター(I)	ウィン
すべてを選択(A)		Ctrl+A	
選択を解除(D)		Ctrl+D	
再選択(R)		Ctrl+Shift+D	
選択範囲を反転(I)		Ctrl+Shift+I	
選択範囲を拡張(E)...			
選択範囲を縮小(U)...			
境界をぼかす(B)...			

◆ 選択を解除

［選択範囲］メニュー ➡ ［選択を解除］（ Ctrl ＋ D キー）を選択すると、選択範囲を解除します。

選択範囲(S)	表示(V)	フィルター(I)	ウィン
すべてを選択(A)		Ctrl+A	
選択を解除(D)		Ctrl+D	
再選択(R)		Ctrl+Shift+D	
選択範囲を反転(I)		Ctrl+Shift+I	
選択範囲を拡張(E)...			
選択範囲を縮小(U)...			
境界をぼかす(B)...			

◆ 選択範囲を反転

［選択範囲］メニュー ➡ ［選択範囲を反転］（ Ctrl ＋ Shift ＋ I キー）を選択すると、指定中の選択範囲が反転され、範囲外になっていた部分が選択範囲になります。

選択範囲(S)	表示(V)	フィルター(I)	ウィン
すべてを選択(A)		Ctrl+A	
選択を解除(D)		Ctrl+D	
再選択(R)		Ctrl+Shift+D	
選択範囲を反転(I)		Ctrl+Shift+I	
選択範囲を拡張(E)...			
選択範囲を縮小(U)...			
境界をぼかす(B)...			

◆［選択範囲］ツール

ツールからサブツールを選択してドラッグなどで範囲を指定することで、選択範囲を作成します。

［長方形選択］ 長方形選択

長方形の選択範囲を作成します。 Shift キーを押しながら作成すると、正方形の選択範囲を作成できます。

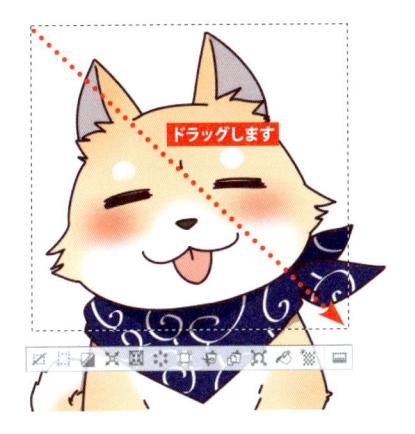

［楕円選択］ 楕円選択

楕円の選択範囲を作成できます。 Shift キーを押しながら作成すると、正円の選択範囲を作成できます。

［投げなわ選択］ 投げなわ選択

フリーハンドで選択範囲を作成できます。

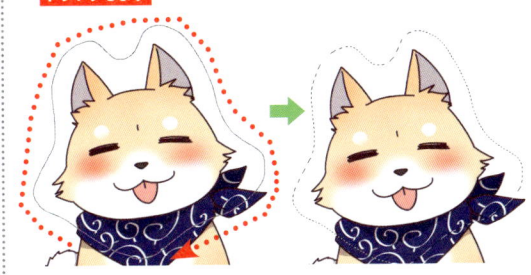

［選択ペン］ 選択ペン

ペンのように使えるサブツールです。ペンを動かしたところが選択範囲になります。

［選択消し］ 選択消し

消しゴムのように使えるサブツールです。選択範囲の上で使用すると、ペンを動かした部分だけ選択が解除されます。

[シュリンク選択]

フリーハンドで囲った内側の線で閉じられた部分を選択範囲にすることができます。

◆ 選択範囲の追加

すでに選択範囲を作成している状態で Shift キーを押しながら[**選択範囲**]ツール（[**選択ペン**]を除く）を使用すると、選択範囲を追加できます。

Point [選択ペン]は、Shift キーを押さなくても選択範囲を追加することができます。

Point Shift キーはドラッグ中に離しても選択範囲の追加をすることができます。Shift キーを押しっぱなしにしている間は、[**長方形選択**]は正方形に、[**楕円選択**]は正円になります。

◆ 選択範囲の一部を解除

すでに選択範囲を作成している状態で Alt キーを押しながら[**選択範囲**]ツール（[**選択消し**]を除く）で選択すると、選択範囲が解除されます。

Point [選択消し]は、Alt キーを押さなくても選択範囲を削ることができます。

0-13 選択範囲ランチャー

選択範囲を作成すると、選択範囲ランチャーが表示されます。各操作のボタンをクリックすることで、さまざまな操作を行うことができます。

◆ 選択範囲ランチャーの機能

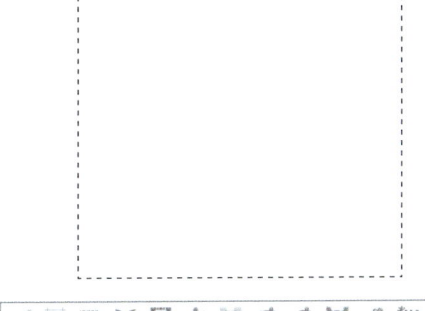

❶選択を解除
選択範囲を解除します。

❷キャンバスサイズを選択範囲に合わせる
キャンバスサイズの大きさが、選択範囲に合わせて変更されます。

❸選択範囲を反転
選択範囲を反転します。

❹選択範囲を拡張
選択範囲を拡張します。ダイアログボックスが表示され、拡張する大きさを指定できます。

「選択範囲を拡張」ダイアログボックス

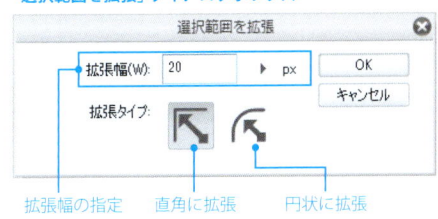

拡張幅の指定　直角に拡張　円状に拡張

拡張幅
拡張する幅を指定します。

拡張タイプ
拡張する選択範囲の角の部分の処理を［直角に拡張］・［円状に拡張］から選択できます。

❺選択範囲を縮小

選択範囲を縮小します。ダイアログボックスが表示され、縮小する大きさを指定できます。

「選択範囲を縮小」ダイアログボックス

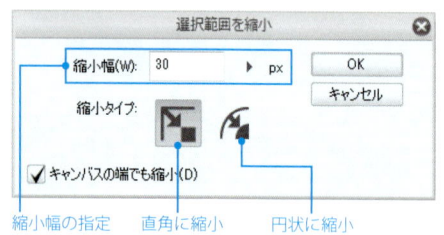

縮小幅の指定　　直角に縮小　　円状に縮小

縮小幅
縮小する幅を指定します。

縮小タイプ
拡張する選択範囲の角の部分の処理を [**直角に縮小**]・[**円状に縮小**] から選択できます。

キャンバスの端でも縮小
オンにしている状態だとキャンバスの端にかかった選択範囲も縮小します。

❻消去

選択範囲にある描画部分を消去します。

❼選択範囲外を消去

選択範囲外の描画部分を消去します。

❽切り取り＋貼り付け

選択範囲にある描画部分をカットして別レイヤーを新規作成し、そこに貼り付けます。

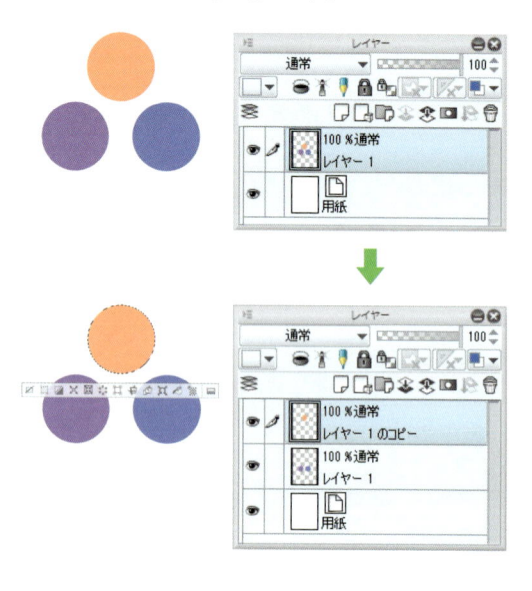

❾コピー＋貼り付け

選択範囲内をコピーして、新規レイヤーに貼り付けします。

❿拡大・縮小・回転

　ハンドルを操作して、選択範囲にある描画部分を拡大・縮小・回転することができます。

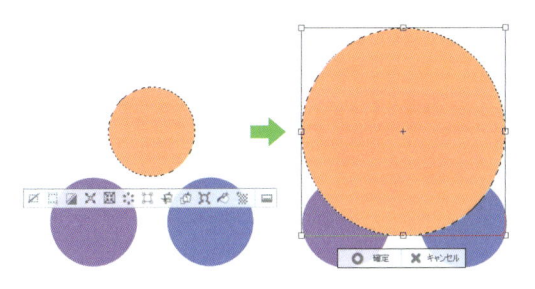

⓫塗りつぶし

　選択範囲内を選択中の描画色で塗りつぶします。

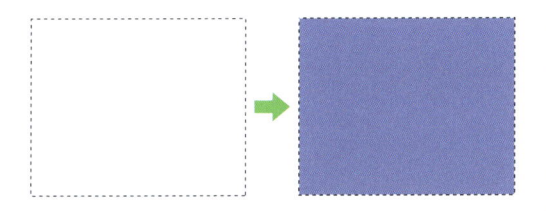

⓬新規トーン

　選択範囲内にトーンを貼り付けます。

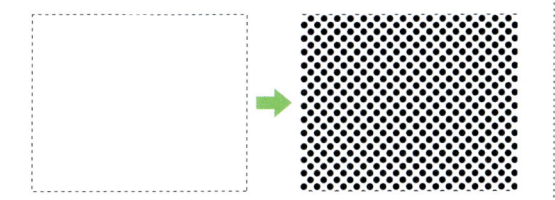

⓭選択範囲ランチャーの設定

　[**選択範囲ランチャーの設定**] ダイアログボックスにある操作の項目リストから選択して [**追加**] ボタンをクリックすると、選択範囲ランチャーに操作内容がボタンで追加されます。

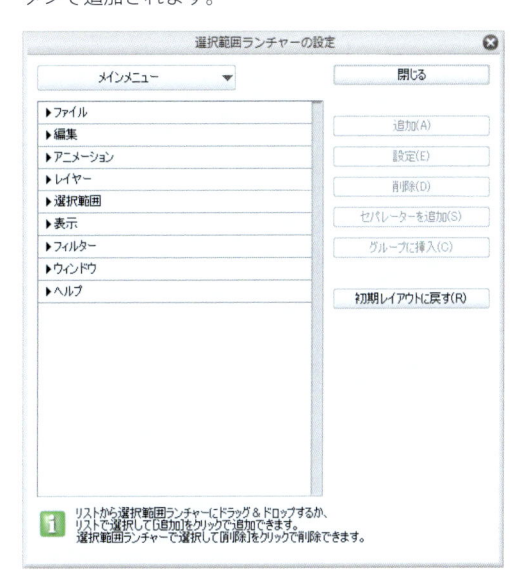

◆ 選択範囲ランチャーの表示／非表示

　[**表示**] メニュー ➡ [**選択範囲ランチャー**] で選択範囲ランチャーの表示／非表示を切り替えられます。

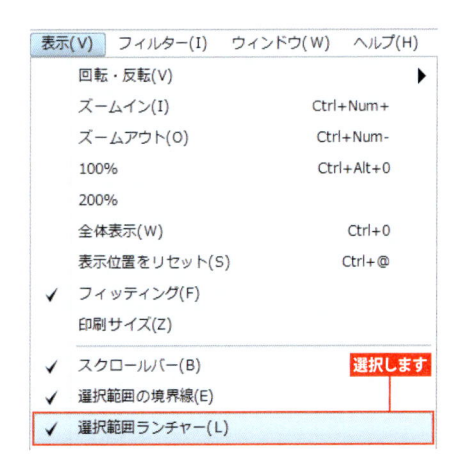

0-14 自動選択で範囲選択する

描画されている色から同一色の部分を選択範囲にする場合は、[自動選択] ツールを使います。

◆ 自動選択

[**自動選択**] ツールは、クリックした箇所にある色を基準に選択範囲を作成します。

　線で閉じられた部分や、同じ色の部分を選択範囲にできます。

◆ [自動選択] ツールのサブツール

[**自動選択**] ツールには 3 つのサブツールがあります。基本的には同じツールですが、それぞれ設定が異なります。

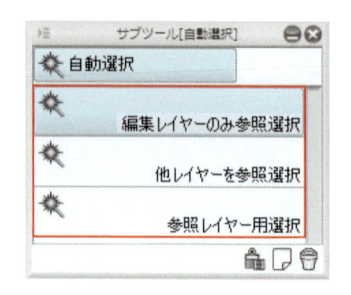

編集レイヤーのみ参照選択

[**レイヤー**] パレットで選択中のレイヤー（編集レイヤー）にある色を参照して自動選択します。

他レイヤーを参照選択

　選択中のレイヤー以外のレイヤーも参照して自動選択します。

参照レイヤー用選択

　参照レイヤーに設定されたレイヤーを参照して自動選択します。

　参照レイヤーは、[**レイヤー**] パレットで [**参照レイヤーに設定**] を選択できます。

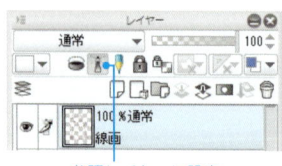

参照レイヤーに設定

ほかのレイヤーを選択している場合も、参照レイヤーを参照して選択範囲を作成します。

初期設定の場合、参照されるのは参照レイヤーと編集レイヤーです。

編集レイヤーを参照したくない場合は、[**ツールプロパティ**] パレットで [**複数参照**] の左にある [**+**] をクリックして拡張設定を表示し、[**編集レイヤーを参照しない**] をクリックしてオンの状態にしてから自動選択します。

編集レイヤーを参照しない

◆ [自動選択] ツールの設定

[**自動選択**] ツールの [**ツールプロパティ**] パレットで設定を変更して、自動選択する範囲を調整できます。

ツールプロパティ

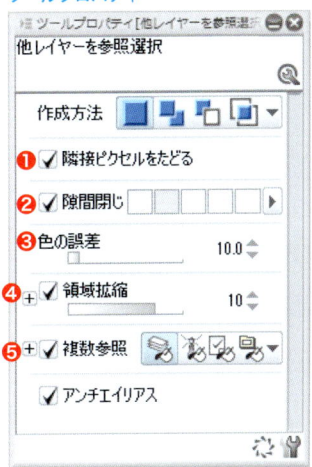

❶隣接ピクセルをたどる

チェックを入れると、隣接する同じ色を選択範囲にします。チェックを外すと、キャンバス中の同じ色をすべて選択範囲にすることができます。

❷隙間閉じ

少しのすき間の場合には、閉じたものとします。

❸色の誤差

どこまでを同じ色として判定するかを設定します。

❹領域拡縮

自動選択してできる選択範囲を少し拡げたりすることができます。

❺複数参照

レイヤーの参照先を変更できます。チェックを外すと、編集レイヤーのみを参照します。

- **すべてのレイヤー**
  すべてのレイヤーを参照します。
- **参照レイヤー**
  参照レイヤーのみ参照します。
- **選択されたレイヤー**
  複数選択したレイヤーを参照します。
- **フォルダー内のレイヤー**
  選択中のレイヤーフォルダーにあるレイヤーを参照します。

Level 0

0-15 画像の拡大・縮小・回転と自由変形

画像を変形するときの基本操作となる「拡大・縮小・回転」と「自由変形」を覚えておきましょう。

◆ 拡大・縮小・回転

［編集］メニュー ➡ ［変形］➡ ［拡大・縮小・回転］
（Ctrl＋T キー）を選択すると、描画部分を拡大・縮小・回転できます。特定の範囲だけ変形させたい場合は、先に選択範囲を作成しておきます。

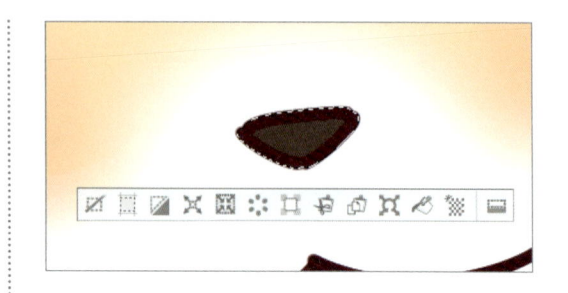

ハンドルの内側をドラッグすると、画像を移動できます。

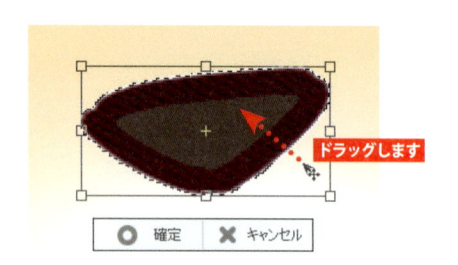

ハンドルの外側をドラッグすると、画像を回転できます。

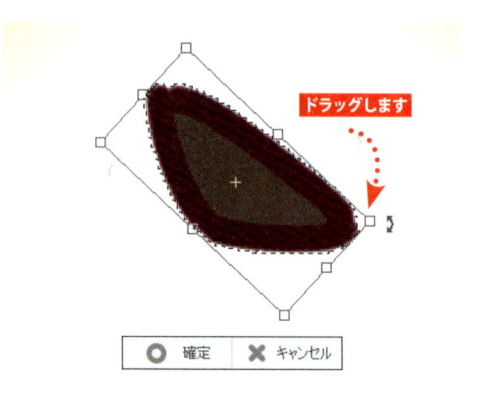

ハンドルにある□をドラッグすると、画像を拡大・縮小します。

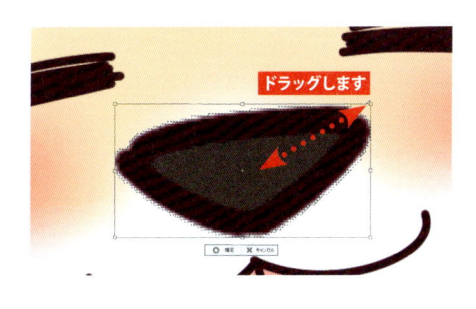

ドラッグします

○ 確定　✕ キャンセル

[確定]をクリックすると、変形が決定されます。　[キャンセル]をクリックすると、変形をキャンセルします。

◆ 自由変形

[編集]メニュー ➡ [変形] ➡ [自由変形]（Ctrl + Shift + T キー）を選択すると、画像を自由に変形できます。

自由変形は、画像を歪ませるときに行うとよいでしょう。

○ 確定　✕ キャンセル

TIPS　キー操作による確定とキャンセル

[拡大・縮小・回転]などの変形を行うとき、Enter キーを押すことでも変形を確定できます。また、変形中に Esc キーを押すと変形をキャンセルできます。

Level 0

TIPS　メッシュ変形

[編集]メニュー ➡ [変形] ➡ [メッシュ変形]を選択すると、画像に格子状のガイド線が表示されます。ガイド線が交差するところにあるハンドルをドラッグすると、画像を変形することができます。
「4-08 メッシュ変形で服の模様を作る」（178ページ）も合わせてご参照ください。

ドラッグします

○ 確定　✕ キャンセル

TIPS　拡大は下描きで

ラスターレイヤーの画像を拡大すると、ピクセルを増やすことになります。無かったピクセルを補完して画像を大きくするので、どうしてもブロックノイズなどが起こりやすく、劣化します。そのため、拡大の機能は下描きの段階で使うのがおすすめです。清書した線画や彩色したイラストを拡大するのは、なるべく避けるようにしましょう。

[オブジェクト]サブツール

0-16

[オブジェクト] サブツールは、素材を編集したり変形するなど、使用頻度の高いサブツールです。

◆ [オブジェクト] で編集

[操作] ツールにある [オブジェクト] サブツールは、画像素材や定規などを編集するときに使います。

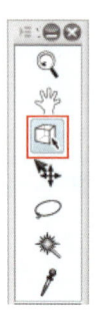
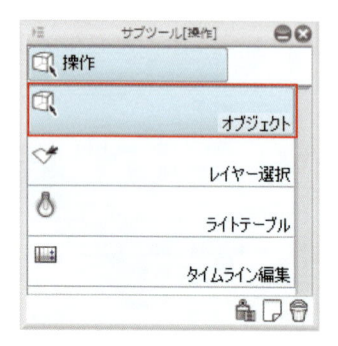

TIPS 「オブジェクト」とは？

「オブジェクト」とは、「物体」や「対象」といった意味を持ちます。CLIP STUDIO PAINTの場合、キャンバスに読み込んだ画像や定規、ベクター画像など、さまざまなものが [オブジェクト] サブツールの編集対象になります。

読み込んだ画像
（画像素材レイヤー）

直線定規

ベクター画像

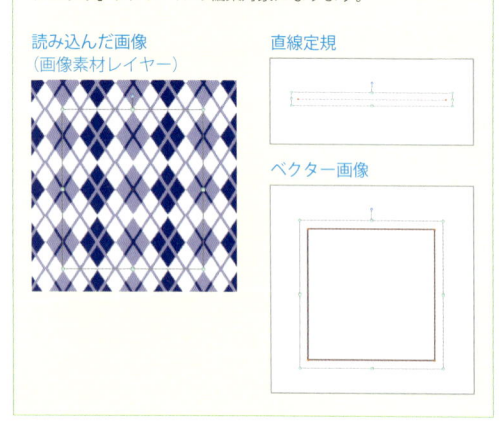

◆ 画像素材レイヤーの場合

1 [素材] パレットから素材を貼り付けたとき、[レイヤー] パレットでは素材は画像素材レイヤーになります。
画像素材レイヤーはラスターレイヤーのように描画はできませんが、[オブジェクト] サブツールで編集することができます。

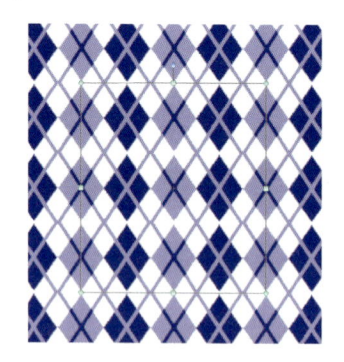

2 [レイヤー] パレットで画像素材レイヤーを選択して、[ツール] パレットで [操作] ツール ➡ [オブジェクト] を選択します。

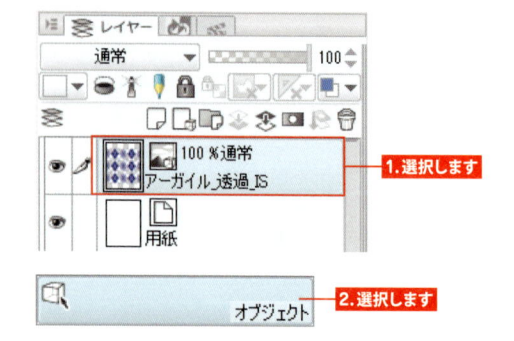

1. 選択します

2. 選択します

3 キャンバス上でハンドルを操作して、拡大・縮小・回転ができます。

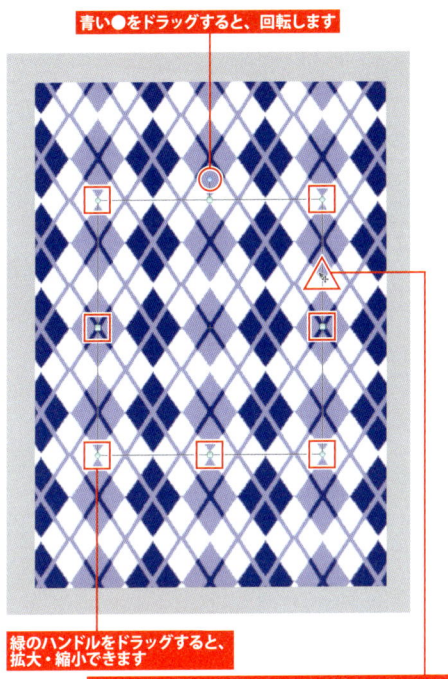

青い●をドラッグすると、回転します

緑のハンドルをドラッグすると、
拡大・縮小できます

ハンドルの周りで(移動のマーク)が表示されている
ときにドラッグすると、画像の位置を移動できます

4 [オブジェクト] サブツールで選択しているときは、[ツールプロパティ] パレットで画像の反転やタイリングなどさまざまな編集が行えます。

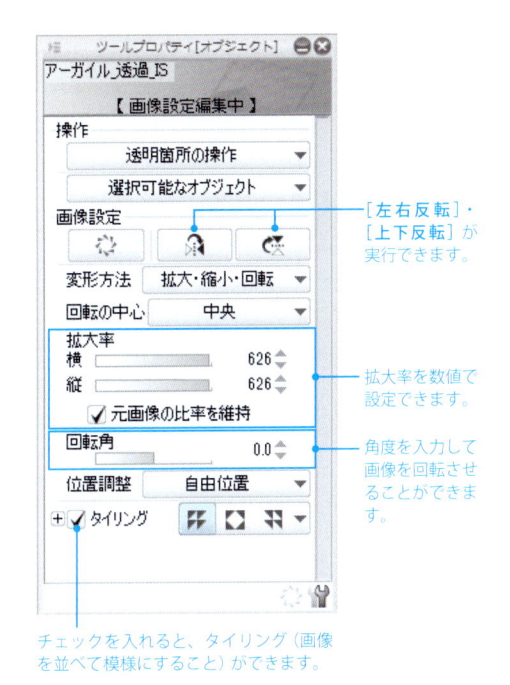

[左右反転]・
[上下反転]が
実行できます。

拡大率を数値で
設定できます。

角度を入力して
画像を回転させ
ることができます。

チェックを入れると、タイリング(画像
を並べて模様にすること)ができます。

---

iPad 指での操作を設定する

iPad版は指だけでも操作できますが、Apple Pencilなどペンを用いて使用するユーザーが多いでしょう。
作業の前に、ペンと指での操作の設定を行っておくとよいでしょう。

1 コマンドバーにある [指とペンで異なるツールを使用] をオンの状態にします。

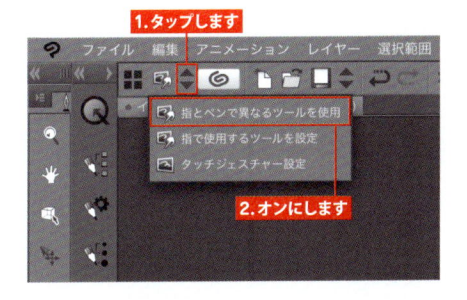

1.タップします

2.オンにします

2 描画はペンで行いますが、指でも特定の操作ができるようになります。

[手のひら] ツール…1本指でスワイプします。
[スポイト] ツール…1本指で長押しします。

3 [CLIP STUDIO PAINT] メニュー ?➡ [環境設定] を選択して、[環境設定] ダイアログボックスの [タッチジェスチャー] で指によるタッチ操作の設定ができます。

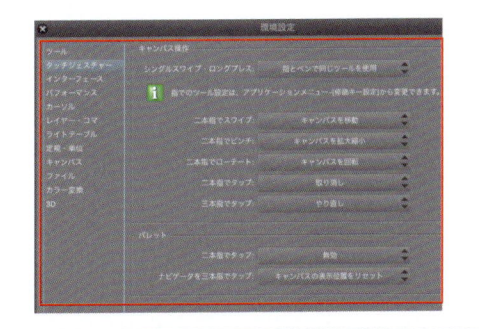

素材を使う

0-17

［素材］パレットにはたくさんの素材が用意されています。また、CLIP STUDIO ASSETSでユーザーが配布している素材も利用すると便利です。

◆［素材］パレット

［**素材**］パレットを開くときは、タブ表示からいずれかを選んでクリックするか、［**ウィンドウ**］メニュー ➡［**素材**］から選択します。

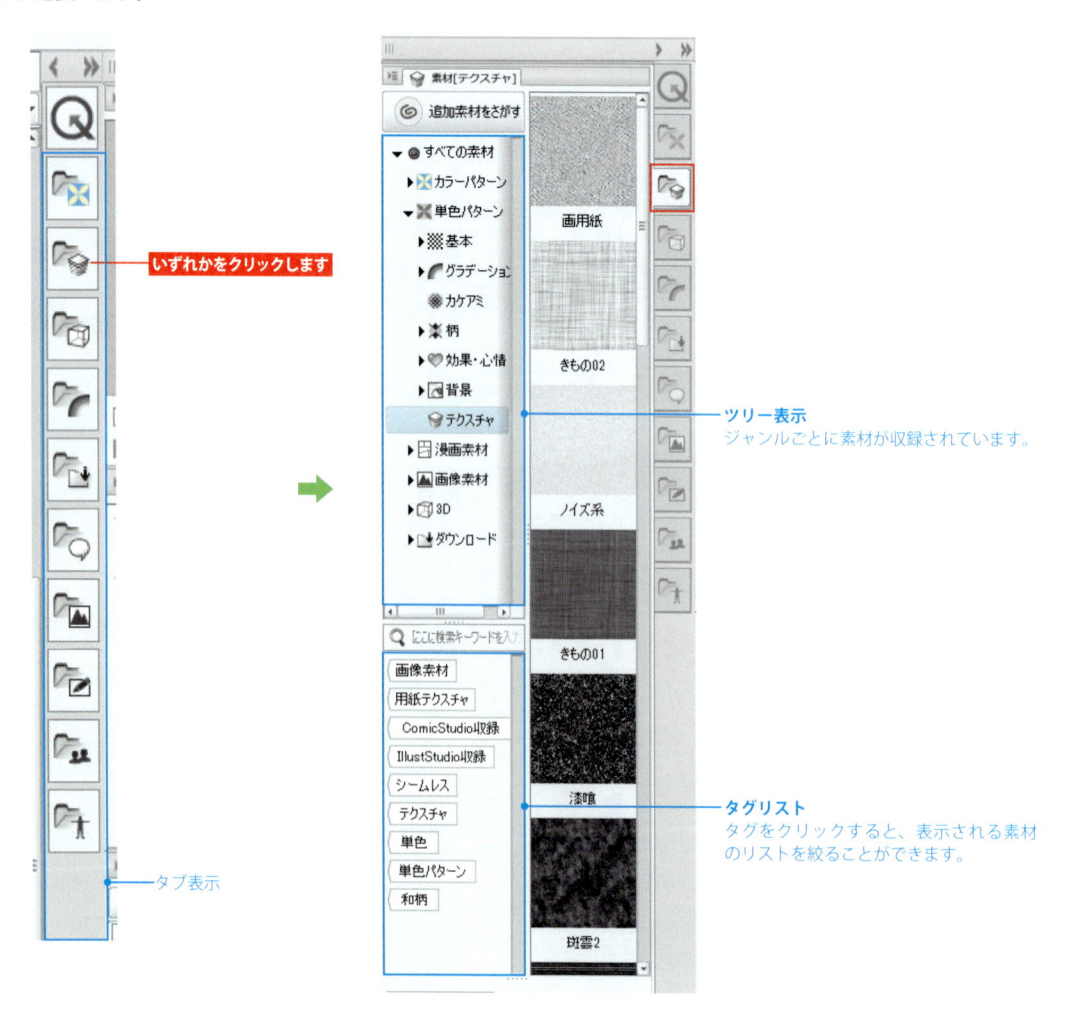

いずれかをクリックします

ツリー表示
ジャンルごとに素材が収録されています。

タグリスト
タグをクリックすると、表示される素材のリストを絞ることができます。

タブ表示

素材の貼り付け

[**素材**] パレットには、数多くの素材が用意されています。素材を選択してキャンバスにドラッグ＆ドロップするか、[**貼り付け**] をクリックすると、キャンバスに貼り付けられます。

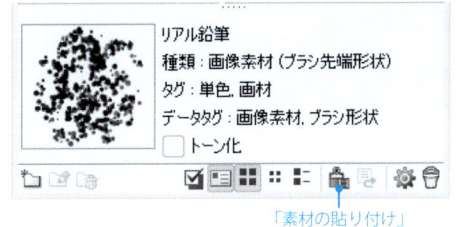

「素材の貼り付け」

クラウドにある素材

雲のマークがある素材は、CLIP STUDIO のクラウド（オンラインでファイルを保存するサービス）上にある素材です。

キャンバスに貼り付けようとすると、**「この素材はクラウドより完全にダウンロードされていません。…」**というアラートが表示されます。

[**はい**] ボタンをクリックするとダウンロードが開始され、しばらくすると [**素材**] パレットから貼り付けできるようになります。

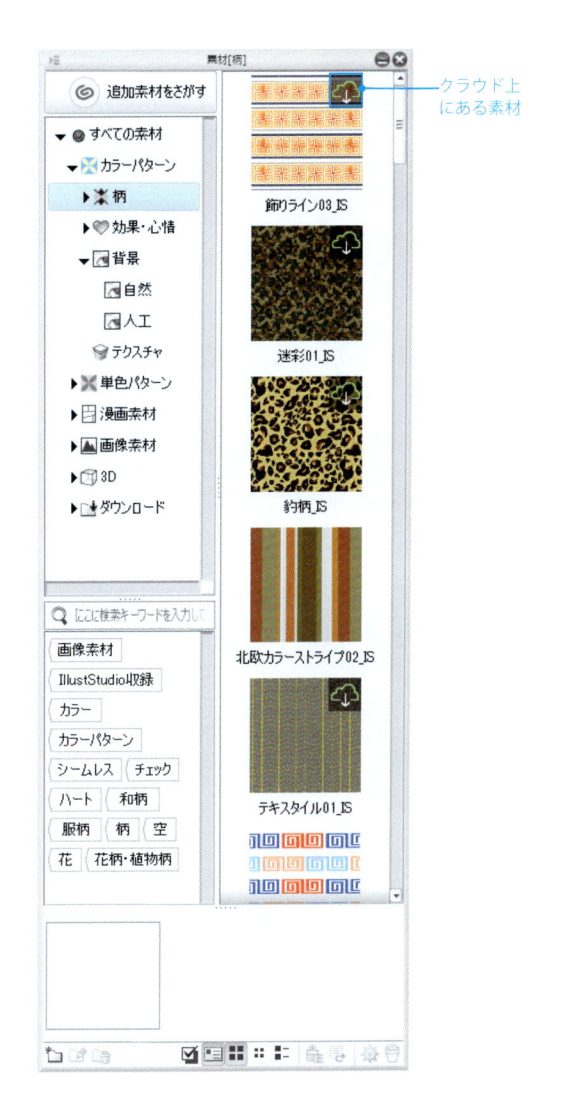

クラウド上にある素材

◆ 素材を探す

CLIP STUDIO ASSETS では、CLIP STUDIO PAINT のユーザーがさまざまな素材をアップロードしています。
素材によっては有料ですが、無料のものもたくさんあるので利用してみましょう（ユーザー登録が必要です）。

1 「CLIP STUDIO」を起動し、［素材をさがす］をクリックします。

2 検索して素材を絞ることができます。［詳細］をクリックすると、あらかじめ用意されたキーワードで検索することができます。

3 サムネイルをクリックすると、ダウンロードのページが表示されます。

4 ［ダウンロード］をクリックすると、ダウンロードが始まります。

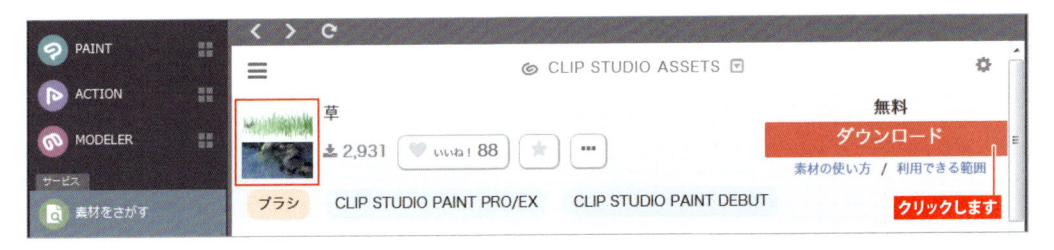

5 ダウンロードした素材は、［素材］パレットの［ダウンロード］に収録されます。

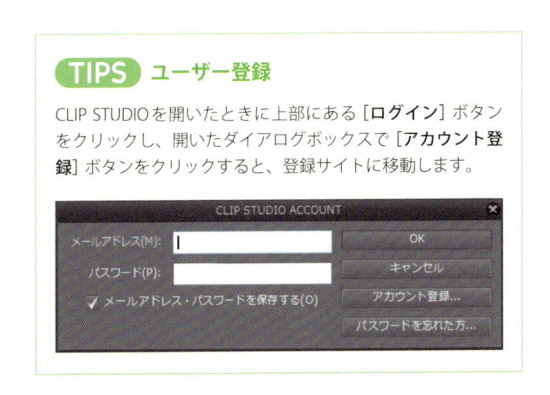

TIPS ユーザー登録

CLIP STUDIOを開いたときに上部にある［ログイン］ボタンをクリックし、開いたダイアログボックスで［アカウント登録］ボタンをクリックすると、登録サイトに移動します。

［**サブツール**］パレットにあるサブツールを誤って削除してしまった場合は、「創作応援サイト CLIP STUDIO」で初期サブツールを入手すると、再びサブツールの設定を復活させることができます。

1 「創作応援サイト CLIP STUDIO」にアクセスします。
https://www.clip-studio.com/clip_site/

2 メニューから［**ダウンロード**］をクリックして、「ペイントルール CLIP STUDIO PAINT」の下にある［**ソフトウェア**］をクリックします。

3 「CLIP STUDIO PAINT ソフトウェア／関連データのダウンロード」ページで［**サブツール一式**］をクリックすると、初期サブツールのデータのダウンロードが始まります。

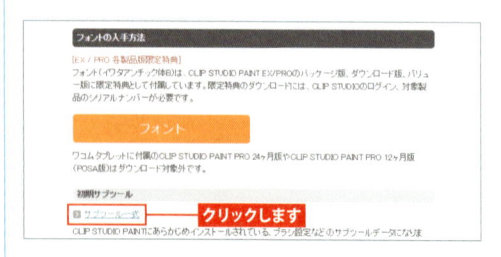

4 ダウンロードしたデータは圧縮ファイルになっているので、解凍しておきます。

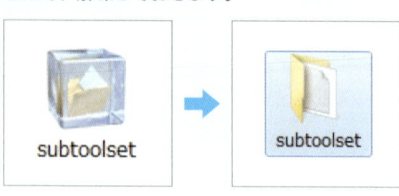

5 CLIP STUDIO PAINT を起動して［**サブツール**］パレットのメニューを表示し、［**サブツールの読み込み**］を選択して、サブツールを選択して読み込みます。

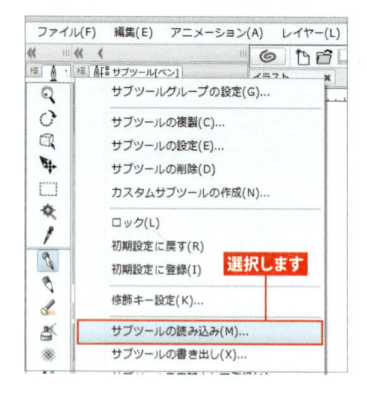

また、バージョン 1.7.4 以降では、ツールの場合は［**ツール**］パレットのメニューから［**初期ツールを追加**］、サブツールの場合は［**サブツール**］パレットのメニューから［**初期サブツールを追加**］を選択して、ツールの初期設定を追加できます。

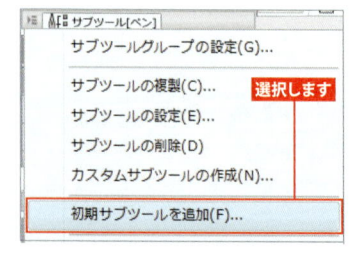

Level 1

描画の基本

CLIP STUDIO PAINT Training Book

1-01 ブラシツールの基本設定

［ブラシサイズ］や［不透明度］など、ブラシツールの基本的な設定を覚えておきましょう。

◆ ブラシサイズ

［**ツールプロパティ**］パレットでブラシツールの基本的な設定を行います。

［**ブラシサイズ**］の設定では、ブラシの大きさを調整します。

試し描きしながら、適切な大きさを見つけるとよいでしょう。

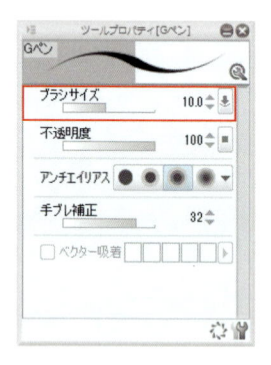

スライダーをドラッグして左に動かすと小さくなり、右に動かすと大きくなります。

数字をクリックして直接数値を入力するか、数字の隣にある⬍をクリックして、ブラシの大きさを変更できます。

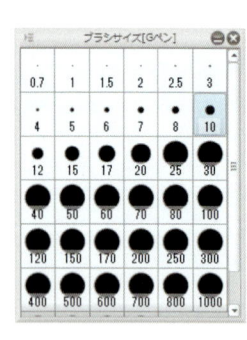

Point ［ブラシサイズ］パレットでは、一覧から選択してブラシの大きさを決めることができます。サイズは左上から右下に向かって大きくなります。

［ブラシサイズ］パレットにないサイズを登録したい場合は、［**ツールプロパティ**］パレットなどでサイズを設定してから、［**ブラシサイズ**］パレットのメニュー表示から［**現在のサイズをプリセットに追加**］を選択します。

選択します

◆ 不透明度

［**不透明度**］の設定では、ブラシの不透明度を変更できます。数値が低いほど、下地の色が透けて見えます。

不透明度：100　　　　不透明度：40

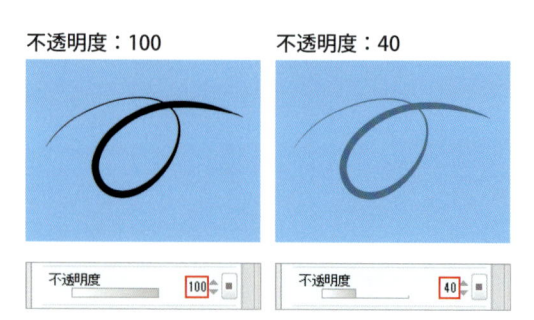

◆ アンチエイリアス

アンチエイリアスとは、色の境界をなめらかにする処理のことです。[アンチエイリアス]をオンに設定すると、線の周りにボケができます。[無し]にすると、線のエッジがギザギザになるので、モノクロのマンガやイラストでない限り、オンにしておきます。

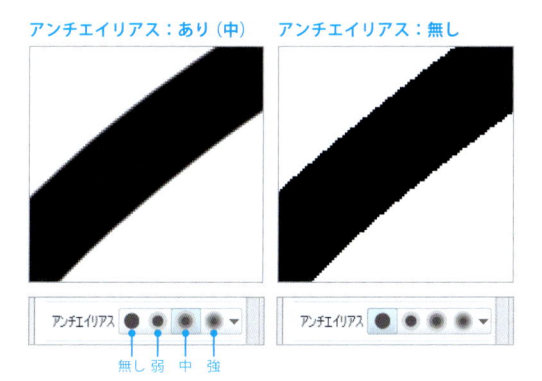

アンチエイリアス：あり（中）　**アンチエイリアス：無し**

無し　弱　中　強

> **Point** モノクロのマンガやイラストでは、完全な黒と白しかないためアンチエイリアス処理は行われません。そのため、高解像度（600〜1200dpi）で描くのが一般的です。600dpi以上の解像度であれば、線のギザギザは目立たず、きれいに印刷できます。

◆ 手ブレ補正

ペンタブレットを使って描画するときの線の震えを軽減してくれるのが、[手ブレ補正]の設定です。

使いやすい設定は個人差があり、[**10**]くらいの設定がよいという人もいれば、最大値の[**100**]が最適という人もいます。

試し描きして、自分に合った数値に設定しましょう。

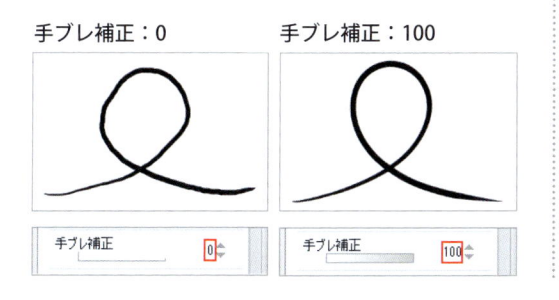

手ブレ補正：0　**手ブレ補正：100**

◆ 硬さ

[硬さ]は、ブラシ先端のボケを設定するものです。ここでは、[エアブラシ]ツールの[柔らか]を例に使用しています。

インジケーターを左に設定するほどボケが多くなり、右に設定するほどボケが少なくなります。

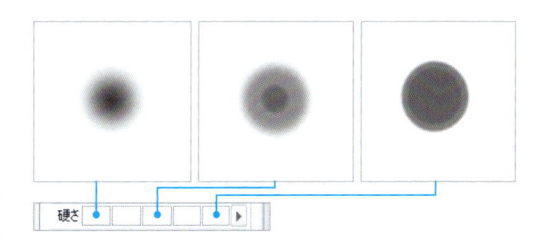

硬さ

◆ ブラシ濃度

[ブラシ濃度]はブラシの濃さ（不透明度）を決める設定です。前述した[不透明度]と似ていますが、タブレットからペンを離さずにストロークし続けていると違いがわかります。

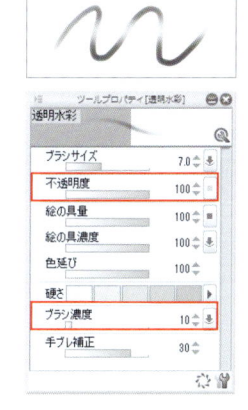 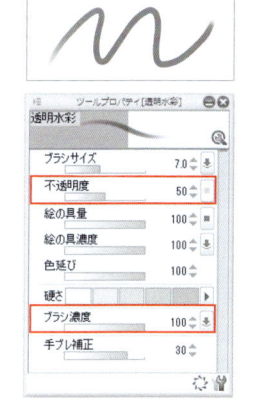

上の例では、[透明水彩]サブツールを使用して[ブラシ濃度]と[不透明度]の設定をそれぞれ変えて比べてみました。ペンはタブレットから離さずに動かしています。

[ブラシ濃度]を下げたストロークでは、コーナーの辺りが濃くなっています。[不透明度]を下げた場合は、濃度は変わらずストロークは一定の薄さになります。

1-02 描画色の選択

描画色の基本的な設定方法を覚えておきましょう。ここでは、主に［カラーサークル］パレットを使った方法を解説しています。

◆ メインカラー・サブカラー・透明色

［**ツール**］パレットや［**カラーサークル**］パレットにあるカラーアイコンでメインカラー・サブカラー・透明色が確認できます。

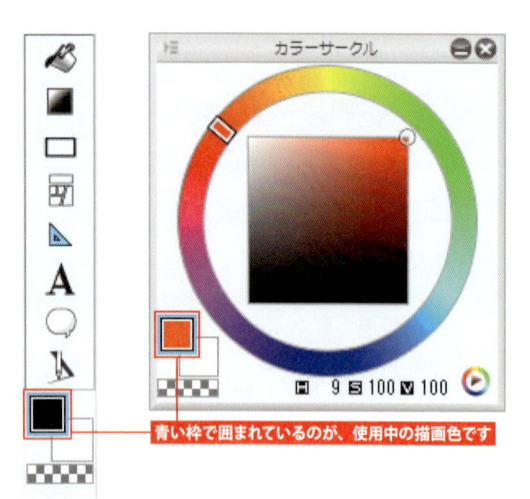

青い枠で囲まれているのが、使用中の描画色です

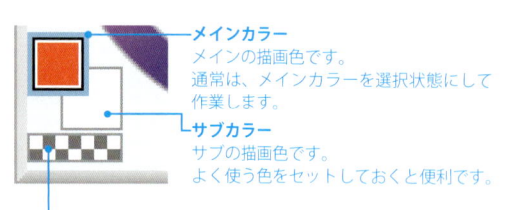

メインカラー
メインの描画色です。
通常は、メインカラーを選択状態にして作業します。

サブカラー
サブの描画色です。
よく使う色をセットしておくと便利です。

透明色
透明色を選択して描画した部分は透明になります。

※詳細は、「1-06 消しゴムや透明色を使って消す」（68ページ）を参照してください。

◆ ［カラーサークル］パレット

HSV色空間

初期状態の［**カラーサークル**］パレットは、**HSV色空間**という設定になっています。

HSVとは色相（**Hue**；赤・青・黄といった色味の違い）、彩度（**Saturation**；色の鮮やかさ）、明度（**Value**；色の明るさ）を表しており、それらを調整して描画色を設定します。

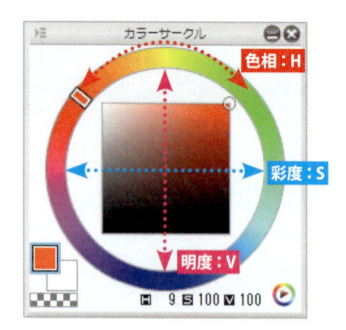

色相：H
彩度：S
明度：V

HLS色空間

［**カラーサークル**］パレットの右下にあるアイコン をクリックすると、色空間が切り替わります。

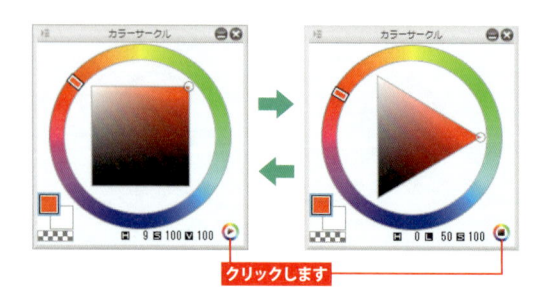

クリックします

HLS 色空間では、色相（**Hue**；色味の違い）、輝度（**Luminance**；色の輝き）、彩度（**Saturation**；色の鮮やかさ）を調整して描画色を設定します。

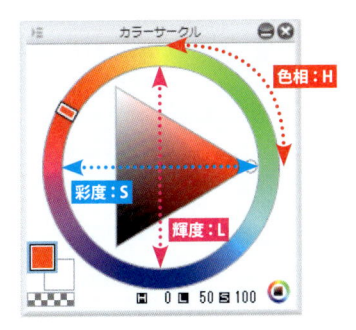

◆ ［カラースライダー］パレット

［**カラースライダー**］パレットは、各数値をスライダーで調節して描画色を設定するパレットです。

［**ウィンドウ**］メニュー ➡ ［**カラースライダー**］を選択して、［**カラースライダー**］パレットを表示できます。

また、初期状態では［**カラーサークル**］パレットの後ろに隠れているため、タブをクリックして表示させることもできます。

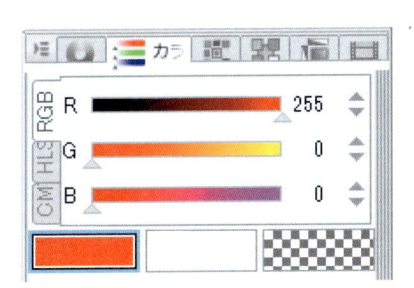

Point RGB と CMYK

RGBはパソコンのモニタなどで使用される色の表現方法です。それに対して、**CMYK**は印刷物に使われます。商業印刷は、**C（シアン）・M（マゼンタ）・Y（イエロー）・K（ブラック）**の4つのインクで印刷されるのが一般的です。RGBのほうがCMYKよりも表現できる色の幅が広いため、RGBからCMYKに変換したときRGBで作った色が思った色合いにならないことがあります。
CLIP STUDIO PAINTのカラーもRGBが基本なので、印刷物を前提にしている場合は注意が必要です。
※CMYK印刷用のファイルを作成する場合は、「5-08 CMYK画像を書き出す（CMYKプレビュー）」（210ページ）を参照してください。

RGB

左側のタブをクリックして、スライダーの種類を選択します。

［**RGB**］にすると、R（レッド）・G（グリーン）・B（ブルー）の三原色で描画色を設定します。

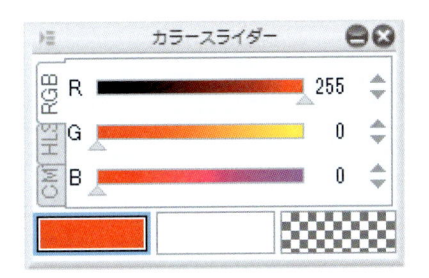

HSV

色相（H）・彩度（S）・明度（V）で描画色を設定します。

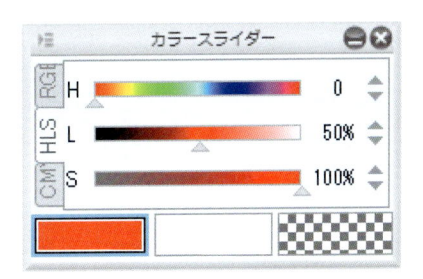

CMYK

C（シアン）・M（マゼンタ）・Y（イエロー）の三原色にK（黒）を加えたCMYKの値で描画色を設定します。

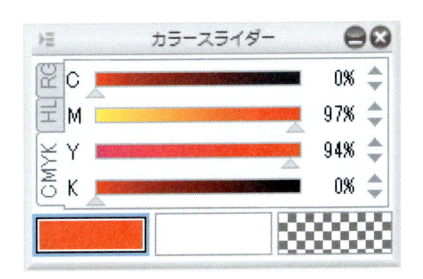

Level 1

1-03 [スポイト]ツールで色を取得する

[スポイト] ツールを使うと、すでに塗った色などを描画色にすることができます。
参考にしたい写真から色を取得する場合などにも便利です。

◆ 基本的な使い方

1 [スポイト] ツール ✐ ➡ [表示色を取得] サブ
ツールを選択します。

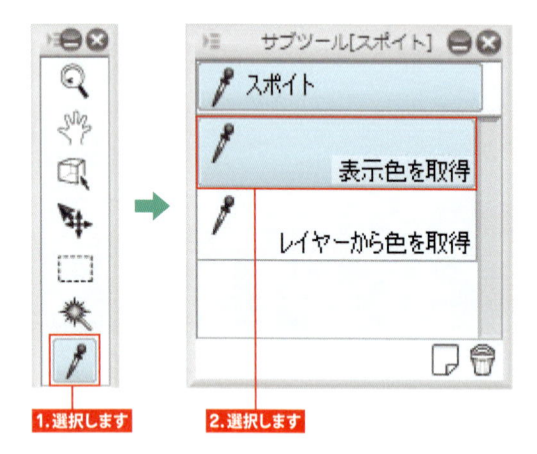

2 キャンバス上で取得したい色のある箇所をクリックします。

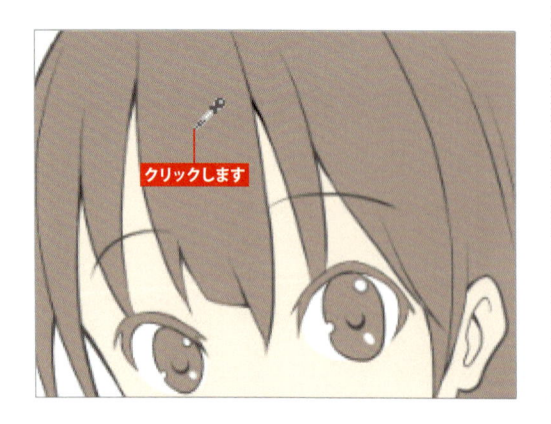

3 描画色が変更されます。

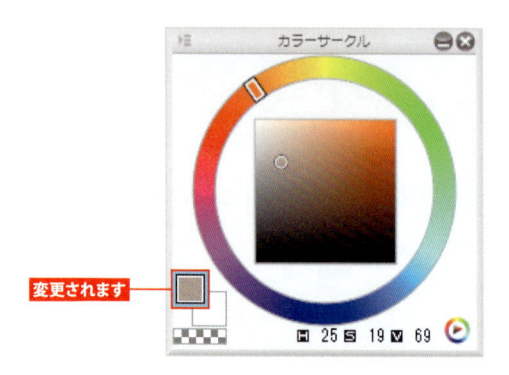

ショートカット

[ペン]・[鉛筆]・[筆] などの描画系ツールや [テキスト] ツールなどを選択しているときに、キャンバス上で Alt キーを押すと、押し続けている間は [スポイト] ツール ✐ が使用できます。

便利なので、覚えておきましょう。

また、[ファイル] メニュー ➡ [修飾キー設定]
(Ctrl + Shift + Alt + Y キー) を選択して、ダイアログボックスで設定を変更できます。

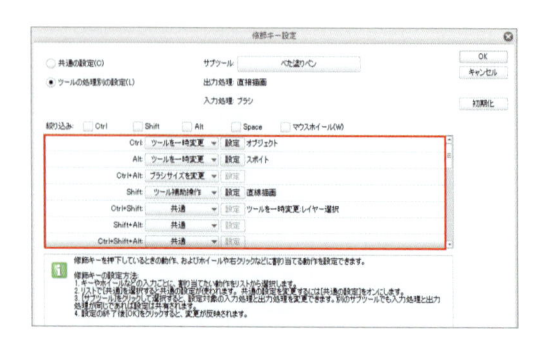

◆ 参照先の違い

CLIP STUDIO PAINT の場合、[**スポイト**] ツール✎には 2 つのサブツールが用意されています。

これらは基本的に同じもので、[**ツールプロパティ**] パレットの [**参照先**] の設定が違うだけです。

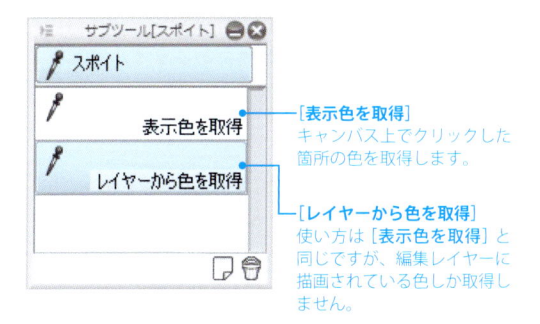

[**表示色を取得**]
キャンバス上でクリックした箇所の色を取得します。

[**レイヤーから色を取得**]
使い方は [表示色を取得] と同じですが、編集レイヤーに描画されている色しか取得しません。

参照先を設定する

[**ツールプロパティ**] パレットから [**参照先**] を変更することで、参照するレイヤーを指定できます。

また [**参照しないレイヤー**] を設定することで、色の取得先を制限できます。

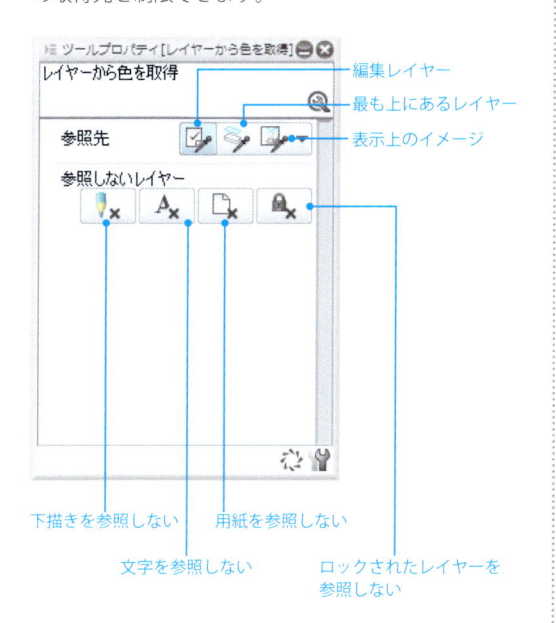

編集レイヤー
最も上にあるレイヤー
表示上のイメージ

下描きを参照しない
文字を参照しない
用紙を参照しない
ロックされたレイヤーを参照しない

Level 1

TIPS 右クリックでスポイト

初期設定では、[**スポイト**] ツール以外のツールを使用中（[**オブジェクト**] や [**コマ枠カット**] ツールなどを除く）に、マウスを右クリックして一時的に [**スポイト**] ツールを使うことができます。

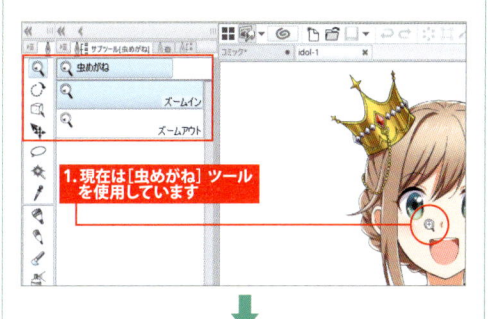

1. 現在は[虫めがね] ツールを使用しています

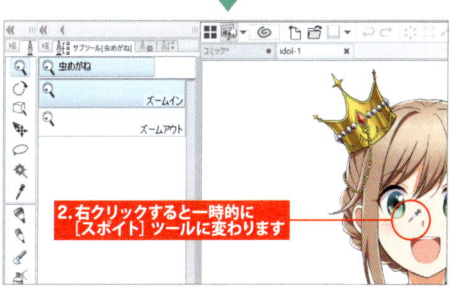

2. 右クリックすると一時的に[スポイト] ツールに変わります

ペンタブレットのスイッチなどに右クリック（スポイト）を登録しておくと便利です。

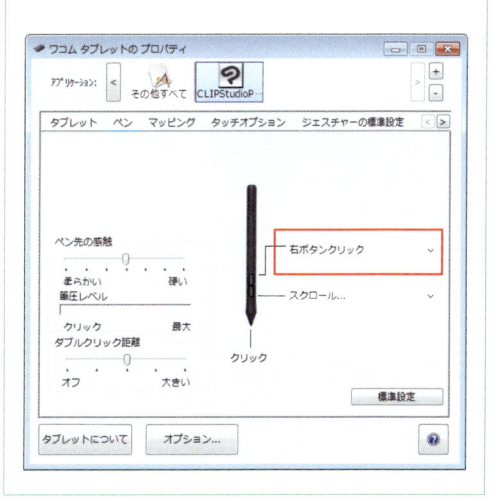

1-04 中間色と近似色

色を作成する際に、[中間色]パレットと[近似色]パレットの使い方を知っておくと便利です。

◆ 中間色

　現在の描画色に違う色を混ぜるとどんな色になるか、試したいときは[**中間色**]パレットを使いましょう。[**中間色**]パレットを使うと、異なる色の中間にあたる色を簡単に作ることができます。

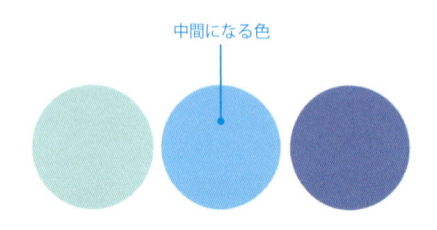

中間になる色

1 現在の描画色を基準にして、異なる色同士の中間になる色を作ることができます。

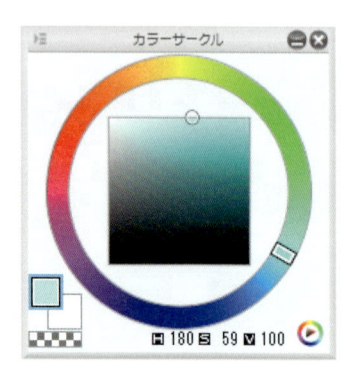

2 [中間色]パレットの四隅にあるタイルのどれかをクリックします。ここでは、右上のタイルをクリックしました。

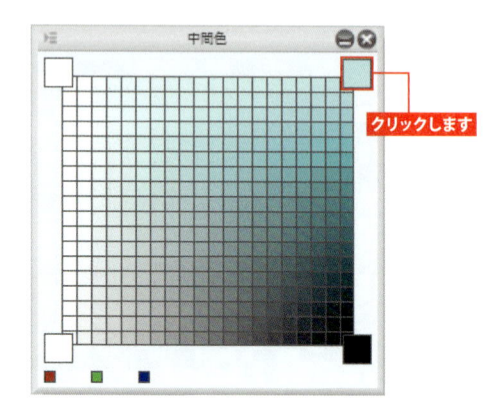

クリックします

3 「基準になる色を設定→タイルをクリック」を繰り返し、ほかのタイルにも色を設定します。

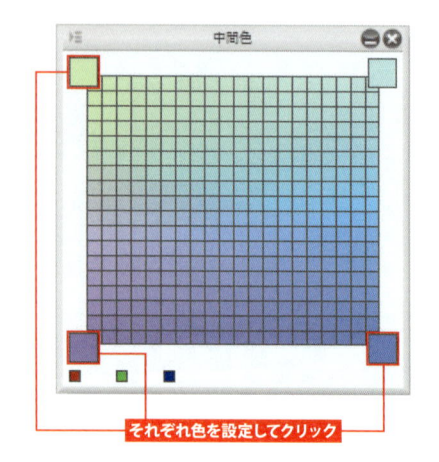

それぞれ色を設定してクリック

4 設定した色同士の中間の色を選択できるようになります。

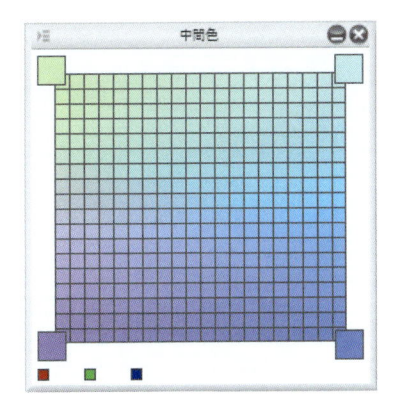

◆ 近似色

現在の描画色よりもう少し明るい（暗い）色が欲しいときなど、近い色を作成したい場合には [**近似色**] パレットを使います。

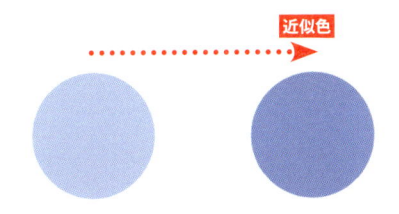

1 [カラーサークル] パレットなどを使用して、基準になる色を設定します。

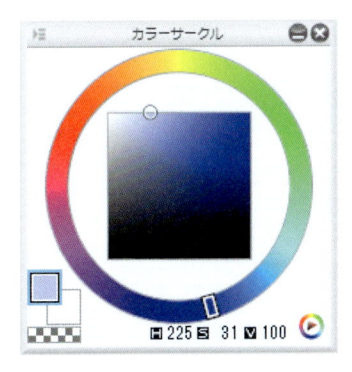

2 初期設定の［近似色］パレットでは、明度、彩度がそれぞれ最大40％まで変化した色を選択できます。

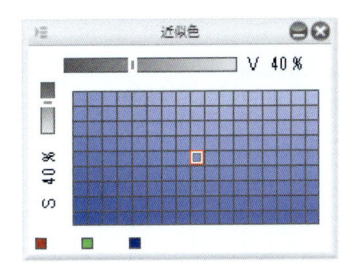

3 左上のスライダーを操作すると、基準色からの変化の度合いを調整できます。

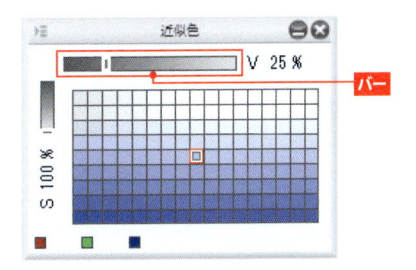

4 スライダーの右にある文字列をクリックすると、明度や彩度から設定を変更できます。

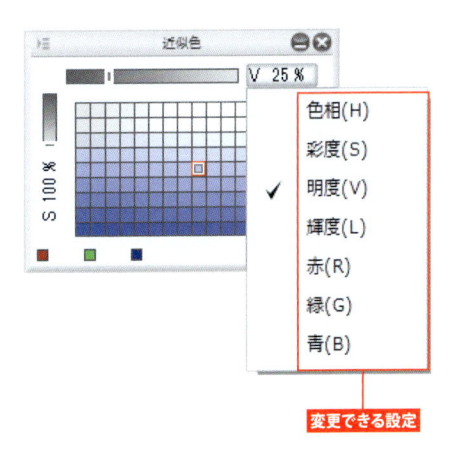

1-05 気に入った色を登録する

［カラーセット］パレットを活用して、オリジナルのカラーセットを設定できます。よく使う色は、登録しておくと便利です。

◆［カラーセット］パレット

［カラーセット］パレットでは、さまざまなタイプのカラーセットから色を選択できます。

［カラーセット表示］をクリックすると一覧が表示され、カラーセットを変更できます。

カラーセットの例

標準カラーセット
標準的な色の一覧です。

Bright Tone
明るく鮮やかな色の一覧です。

Dark Tone
暗い色の一覧です。

Pale Tone
淡い色の一覧です。

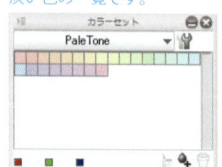

◆ オリジナルのカラーセット

オリジナルのカラーセットを作ってみましょう。

1 ［カラーセット］パレットでスパナのアイコンをクリックして、［カラーセットの編集］ダイアログボックスを表示します。

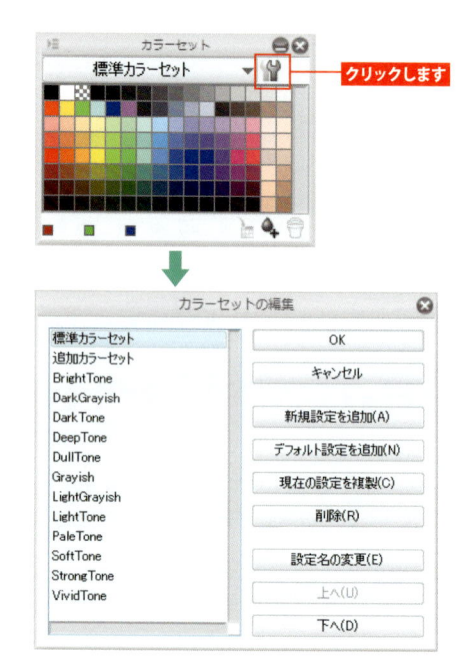

2 ［新規設定を追加］をクリックします。リストに追加された設定に名前を付けて、［OK］ボタンをクリックします。

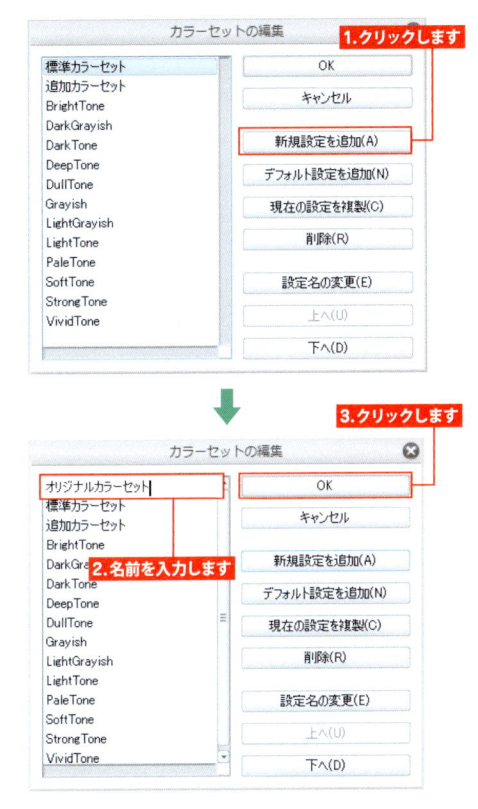

3 新規作成したカラーセットで［色の置き換え］・［色の追加］・［色の削除］ボタンを使って、オリジナルのカラーセットを作っていきます。

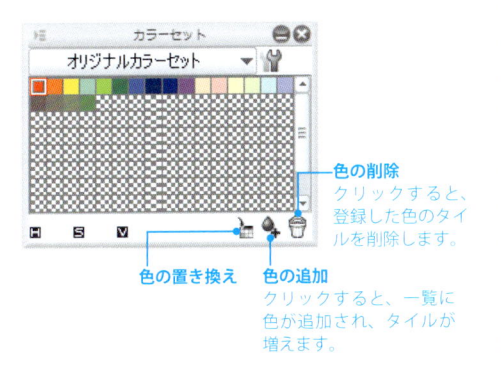

色の削除
クリックすると、登録した色のタイルを削除します。

色の置き換え

色の追加
クリックすると、一覧に色が追加され、タイルが増えます。

色の置き換え

タイルを選択して［**色の置き換え**］ボタンをクリックすると、現在の描画色に置き換わります。

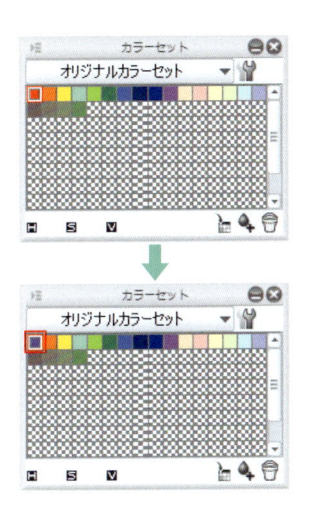

◆ ファイルとして保存

気に入ったカラーセットを設定していても、不具合があったときなどにソフトを初期化すると、設定が消えてしまいます。カラーセットをファイルとして保存しておくと、万一初期化されても、設定を読み込んで元通りにすることができます。

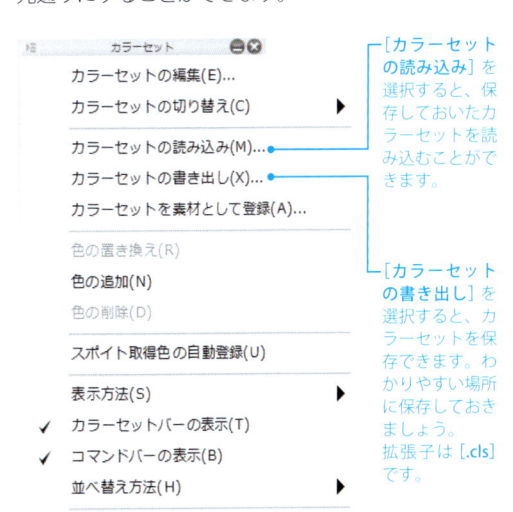

［カラーセットの読み込み］を選択すると、保存しておいたカラーセットを読み込むことができます。

［カラーセットの書き出し］を選択すると、カラーセットを保存できます。わかりやすい場所に保存しておきましょう。拡張子は［.cls］です。

消しゴムや透明色を使って消す

描いたものを消したいときに使うのが、［消しゴム］ツールや［透明色］です。

◆［消しゴム］ツールのサブツール

［消しゴム］ツールの設定は、基本的に［ペン］や［鉛筆］などの描画系ツールと同じです。

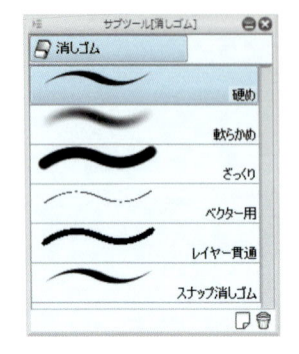

［消しゴム］ツールで消した範囲は透明になります。

［硬め］で消した場合、強弱のついたストロークで消せます。

［軟らかめ］で消した場合、エアブラシのようにストロークの周りがぼけます。

［ざっくり］で消した場合、均一のストロークで消されます。

レイヤー貫通

［レイヤー貫通］で消した場合、すべてのレイヤーの描画部分が消されます。

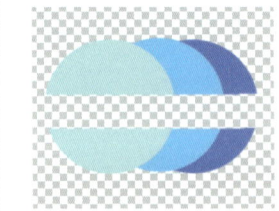
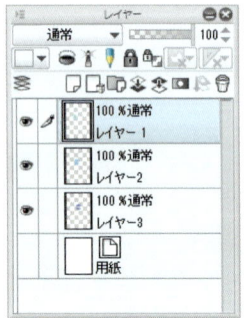

◆ [消しゴム] ツールの設定

　ブラシサイズやアンチエイリアスの設定、硬さ、ブラシ濃度、手ブレ補正を変更して使用することができます。

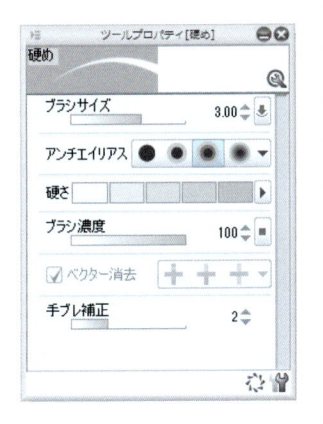

◆ 透明色を使って消す

　[ペン] や [筆] などの描画系ツールを使用しているとき、透明色を使うことで、そのブラシの描き味のまま、描画範囲を消すことができます。

透明色を選ぶ
メインカラー、サブカラーの下にある市松模様の部分が透明色になります。
また、描画系ツールを使用しているときに C キーを押すと、透明色とメインカラーを切り替えられます。

　[ざらつきペン] に透明色を設定して消しました。エッジのざらつきが出ています。

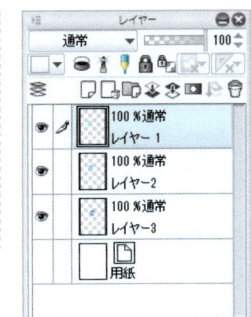

　[水彩] グループの [にじみ縁水彩] を使用しました。にじんだように消されます。

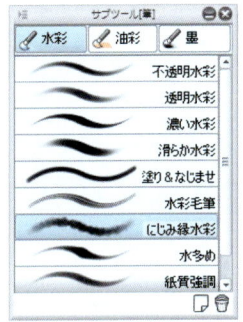

　[エアブラシ] ➡ [柔らか] を使用しました。ボケ足がついた消え方になります。

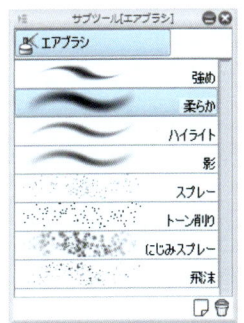

Level 1

1-07 直線を引く

ここでは、直線を引く3つの方法(「ツールを使う」「キー操作を活用する」「定規を使う」)を解説します。

◆ [直線] サブツール

[図形] ツール ➡ [直接描画] グループ ➡ [直線] サブツールは、直線を引くためのサブツールです。
　キャンバス上をドラッグして、直線を作成します。

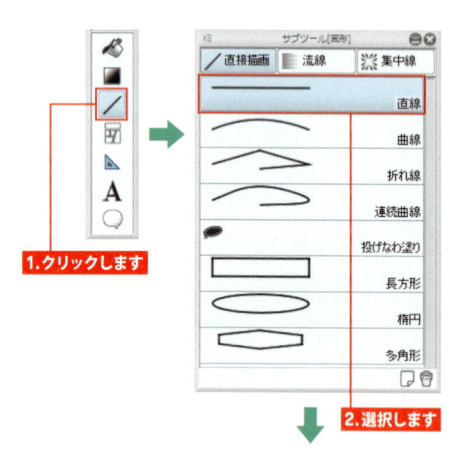

1.クリックします

2.選択します

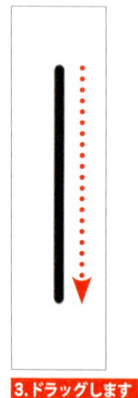

3.ドラッグします

◆ [直線] の設定

ブラシ形状

　プリセットからさまざまなブラシ形状を選択できます。

入り抜き

　直線の先が細くなる「入り抜き」という処理を適用できます。

※入り抜きについての詳細は、「2-03 好みの [ペン] ツールを作成する」(95ページ) を参照してください。

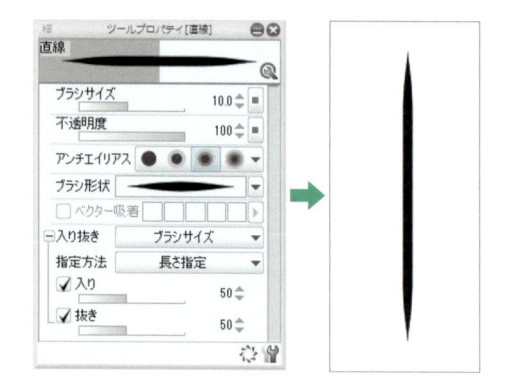

◆ キー操作による直線の描画

[**ペン**] ツールなどブラシツールを使用しているときは、 **Shift** キーを使って直線を引けます。

1 [ペン] ツールを選択して、始点になる場所をクリックします。

2 **Shift** キーを押しながら、タブレットに触れないようにペンを動かします。

3 終点でクリックすると、直線になります。

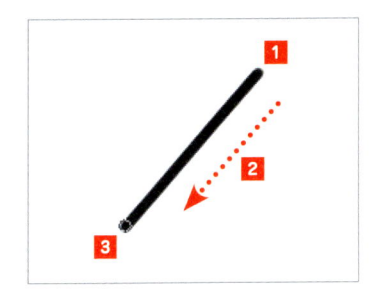

◆ 直線定規を使う

定規を使って、筆圧を反映させた直線を引く方法もあります。

1 [定規] ツール ➡ [直線定規] サブツールを選択します。

2 直線を描きたい場所でドラッグして、定規を作成します。定規は紫の線で表示されます。

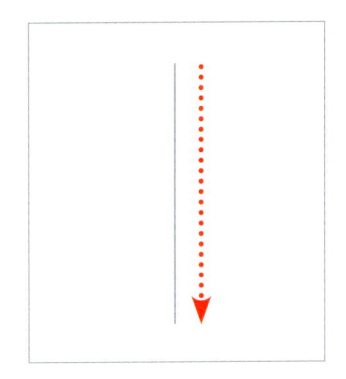

3 [レイヤー] パレットには、定規レイヤーが作成されます。

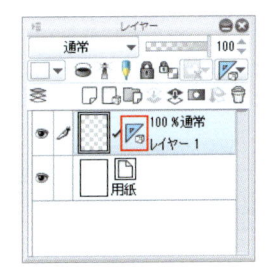

4 [定規にスナップ] はオンの状態です。オフにすると、定規にスナップされません。

5 描画系のツールで定規の上をなぞって、直線を描きます。筆圧を反映させるなど手描きのニュアンスを出したいときは、定規を使うとよいでしょう。

定規レイヤーではない別のレイヤーに定規を使って描画したいときは、[レイヤー] パレットで [定規の表示範囲を設定] を調整します。

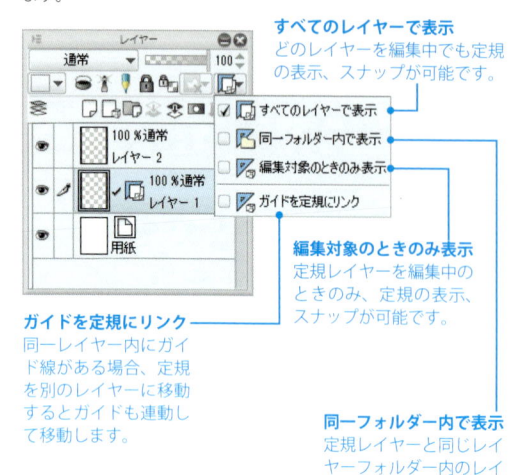

すべてのレイヤーで表示
どのレイヤーを編集中でも定規の表示、スナップが可能です。

編集対象のときのみ表示
定規レイヤーを編集中のときのみ、定規の表示、スナップが可能です。

ガイドを定規にリンク
同一レイヤー内にガイド線がある場合、定規を別のレイヤーに移動するとガイドも連動して移動します。

同一フォルダー内で表示
定規レイヤーと同じレイヤーフォルダー内のレイヤーで、定規の表示、スナップが可能です。

Point レイヤー間での定規の移動

[レイヤー] パレットで定規アイコンを別のレイヤーにドラッグ＆ドロップすると、定規を別のレイヤーに移動できます。

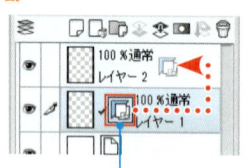

定規アイコン

TIPS 定規やグリッド線の設定を変更する

[環境設定] ダイアログボックス（Ctrl + K キー）の [定規・単位] では、定規やグリッド線の色を設定したり、長さやテキストの単位などを変更することができます。

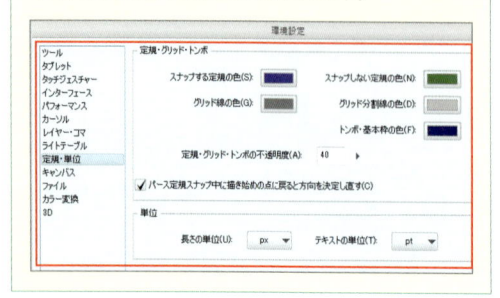

TIPS ガイドとルーラーの作成

デザインワークにCLIP STUDIO PAINTを使う場合、ガイドを使うと便利です。

[定規作成] ツール ➡ [ガイド] を選択してドラッグするとガイドが作成されます。

ガイドは [特殊定規にスナップ] をオンにすると、スナップしながら描画することができます。

また、ルーラーからもガイドを作成することができます。

ルーラーは、[表示] メニュー ➡ [ルーラー]（Ctrl + R キー）選択すると表示されます。

表示されたルーラーからキャンバスの内側に向かってドラッグすると、ガイドが作成されます。

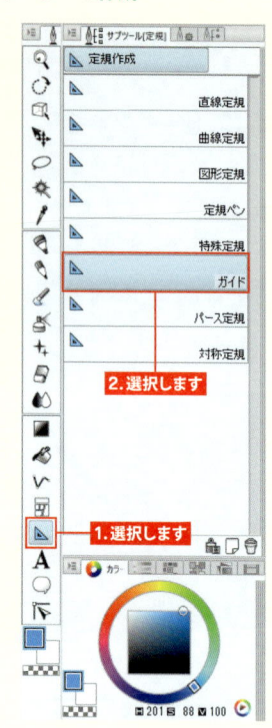

2. 選択します

1. 選択します

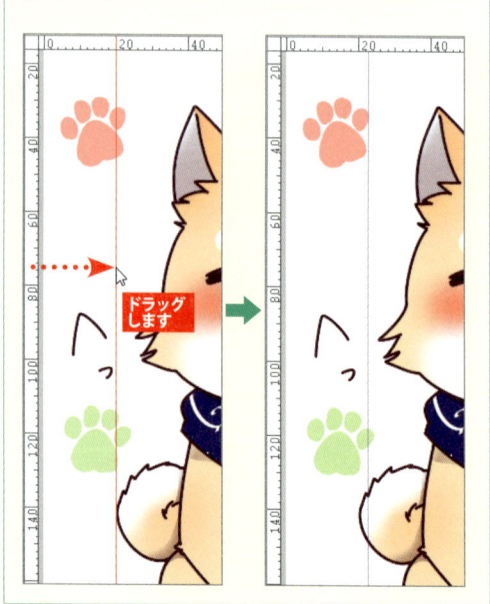

ドラッグします

[塗りつぶし]ツールでべた塗りする

1-08

[塗りつぶし] ツールは、彩色作業の上で基本となるツールです。「バケツツール」と呼ばれることもあります。

◆ 基本のサブツール

[塗りつぶし] ツールは「線で閉じたところを塗りつぶす」ことができます。基本的には、クリックした箇所と同じ色の範囲を塗りつぶす領域とします。

[編集レイヤーのみ参照] と [他レイヤーを参照] が基本のサブツールで、これらは設定が異なるだけの同じツールです。

レイヤーを分けずに作業する場合は [編集レイヤーのみ参照]、レイヤーを分けて作業する場合は [他レイヤーを参照] を使うとよいでしょう。

編集レイヤーのみ参照

編集レイヤーの線で閉じられた部分をクリックして塗りつぶせます。

クリックします

他レイヤーを参照

編集レイヤー以外のレイヤーも、塗りつぶす範囲に影響します。

1 下図のように線画と塗り用でレイヤーを分けて作業するとします。[レイヤー] パレットで塗り用のレイヤーを選択します。

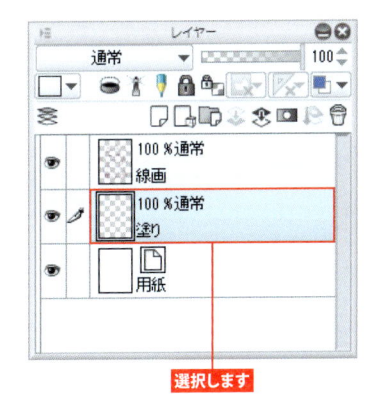

選択します

2 [塗りつぶし] ツール ⇒ [他レイヤーを参照] サブツールを選択します。

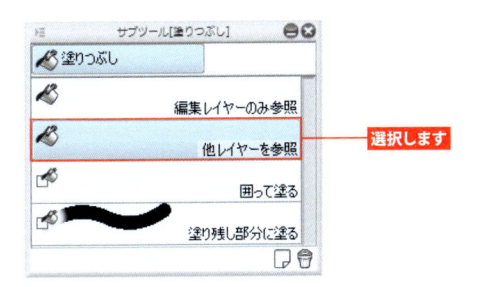

選択します

3 塗りつぶしたい箇所をクリックすると、別のレイヤーの線画を参照しながら、塗り用のレイヤーに塗りつぶすことができます。

◆ 基本的な設定

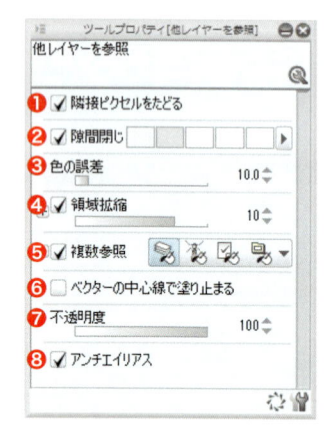

❶隣接ピクセルをたどる

オンにすると、クリックしたところと同じ色でつながっている部分を塗りつぶしの範囲とします。

オフにすると、クリックしたところと同じ色でつながっていなくても、キャンバス上の同じ色がすべて塗りつぶされます。

❷隙間閉じ

オンにすると、線のすき間を閉じたものとして塗りつぶされます。値を上げると、閉じたものとして処理できるすき間の広さを調整することができます。

❸色の誤差

塗りつぶす対象として、どこまでを同じ色として許容するかを設定できます。

❹領域拡縮

塗りつぶす領域を拡大・縮小します。拡縮方法を「**四角く拡張**」「**丸く拡張**」「**最も濃いピクセルまで拡張**」から選択できます。

❺複数参照

塗りつぶす範囲を決めるときに、どのレイヤーを参照するかを設定します。オフにすると、編集レイヤーのみ参照されます。

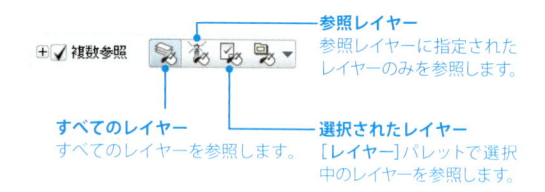

参照レイヤー
参照レイヤーに指定されたレイヤーのみを参照します。

すべてのレイヤー
すべてのレイヤーを参照します。

選択されたレイヤー
[レイヤー]パレットで選択中のレイヤーを参照します。

❻ベクターの中心線で塗り止まる

ベクターレイヤーに描かれた線（ベクター線）の中心線で塗り止まる設定です。

❼不透明度

不透明度を変更します。

❽アンチエイリアス

オンにすると、塗りつぶしのフチにアンチエイリアスを適用します。

1-09 塗り残し部分に塗る

[塗りつぶし] ツールで塗りつぶしたとき、髪の毛先の部分などが塗り残される場合があります。このようなときの対処法を解説します。

◆ Gペンやベタ塗りペンで塗る

ブラシサイズを小さくした [Gペン] や [べた塗りペン] などで、1つひとつ塗りつぶします。

元の塗り残された画像

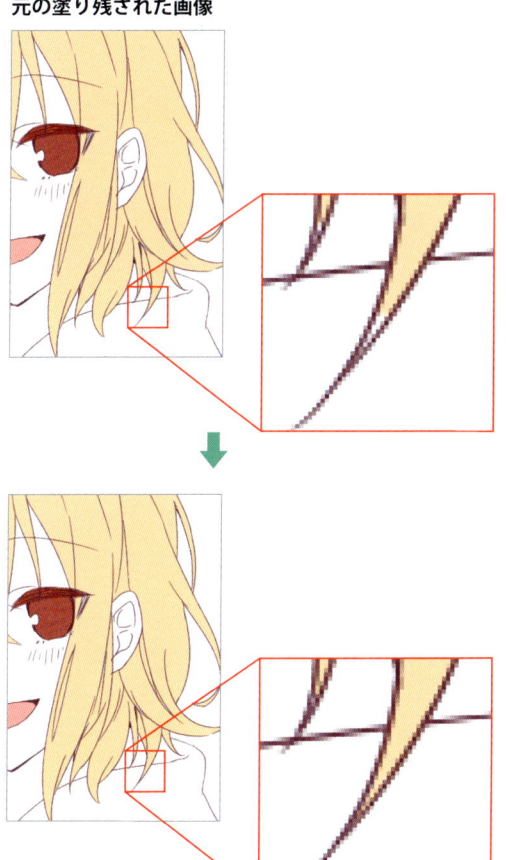

◆ [囲って塗る] を使用する

[塗りつぶし] ツールの [囲って塗る] サブツールは、塗りつぶしたい箇所を囲むようにドラッグすることで、領域内にある閉じた部分を塗りつぶします。

これを利用して、塗り残しを塗りつぶすことができます。

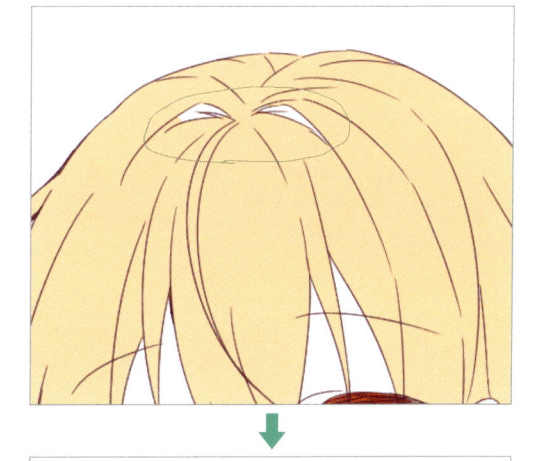

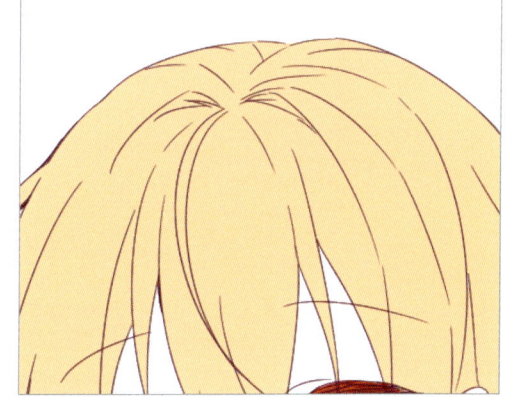

◆ [塗り残し部分に塗る] を使用する

[塗り残し部分に塗る] は、塗りつぶしたい場所をなぞるようにドラッグすると、領域内にある閉じた部分を塗りつぶせます。

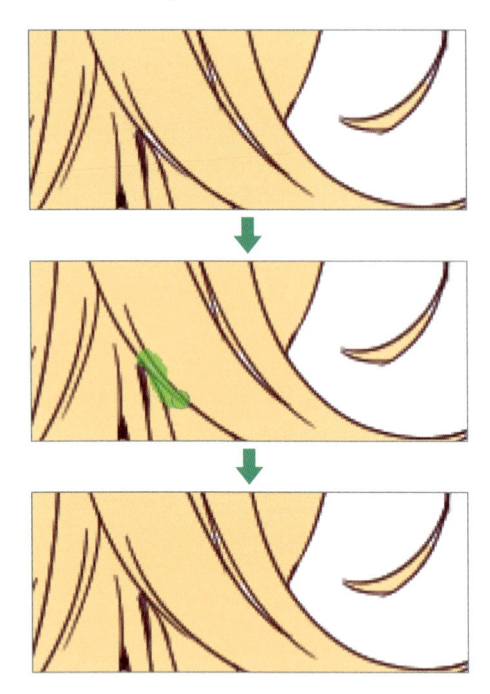

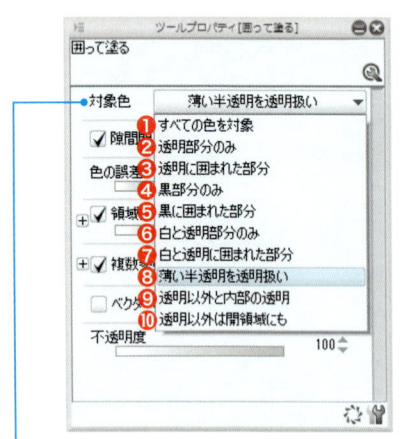

[囲って塗る] サブツールや [塗り残しを塗る] サブツールを使用するときに、塗りつぶしの方法を詳細に設定できます。
ツールプロパティの [対象色] を確認してみましょう。
ここで、塗りつぶす対象になる範囲を決めることができます。

❶ すべての色を対象

すべての色を塗りつぶします。

❷ 透明部分のみ

透明部分を塗りつぶします。

❸ 透明に囲まれた部分

透明で囲まれた部分を塗りつぶします。

❹ 黒部分のみ

黒で描画した部分を塗りつぶします。

❺ 黒で囲まれた部分

黒で囲まれた部分を塗りつぶします。

❻ 白と透明部分のみ

白で描画した部分と透明部分を塗りつぶします。

❼ 白と透明に囲まれた部分

白で囲まれた部分と透明で囲まれた部分を塗りつぶします。

❽ 薄い半透明を透明扱い

アンチエイリアスなどで作成された薄い半透明部分を、透明扱いにして塗りつぶします。

❾ 透明以外と内部の透明

選択範囲に外周がすべて含まれている場合に、外周の内側を塗りつぶします。

❿ 透明以外は開領域にも

描線および描線で閉じられた透明領域を塗りつぶします。

◆ 塗り残しを見つける方法

塗りつぶし作業をしていると、どうしても塗り残し部分が出てきてしまう場合があります。その見つけ方を解説します。

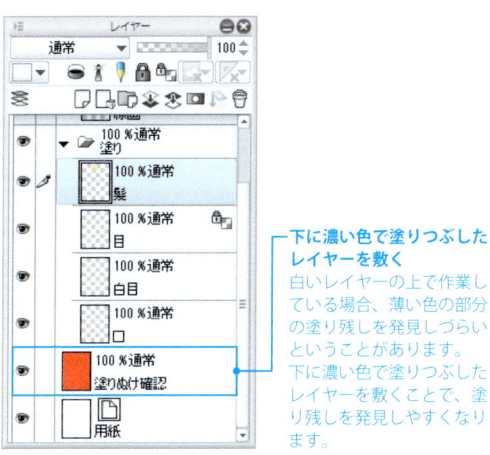

下に濃い色で塗りつぶしたレイヤーを敷く
白いレイヤーの上で作業している場合、薄い色の部分の塗り残しを発見しづらいということがあります。下に濃い色で塗りつぶしたレイヤーを敷くことで、塗り残しを発見しやすくなります。

このような塗りつぶしたレイヤーは、新規レイヤーを作成して、[**編集**] メニュー ➡ [**塗りつぶし**]（ Alt ＋ Delete キー）で作成できます。[**べた塗り**] **レイヤー**でもよいでしょう。

1 ［べた塗り］レイヤーは単色でべた塗りされた設定のレイヤーです。まずは［レイヤー］パレットで作成したい場所の下のレイヤーを選択しておきます。

［べた塗り］レイヤー

ここに［べた塗り］レイヤーを作成します

2 ［レイヤー］メニュー ➡ ［新規レイヤー］➡ ［べた塗り］を選択します。

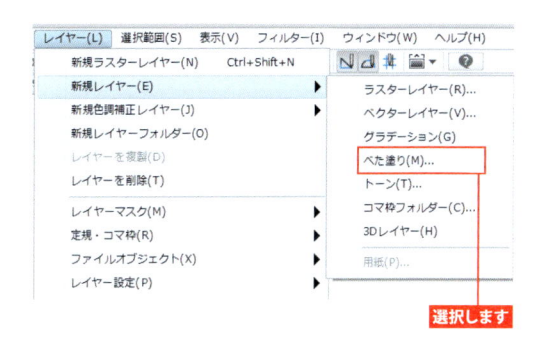

選択します

3 ［色の設定］ダイアログボックスで色を設定して
［OK］ボタンをクリックすると、［べた塗り］レイ
ヤーが作成されます。

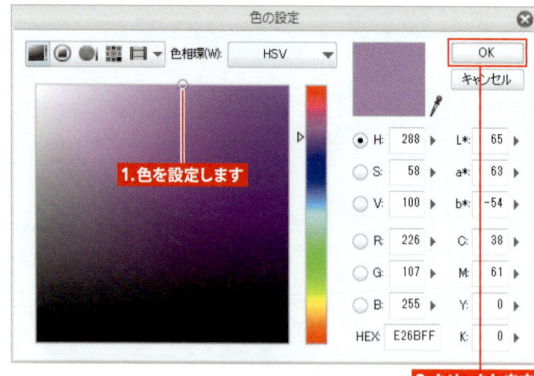

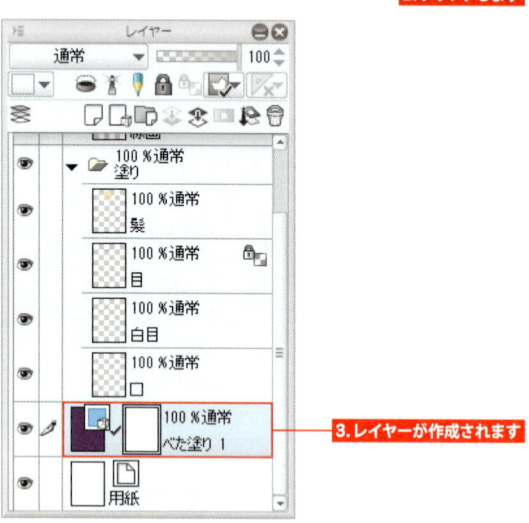

Point いつでも色を変えられる

［べた塗り］レイヤーは、いつでも色を変更できます。
［レイヤー］パレットの［べた塗り］レイヤーのアイ
コンをダブルクリックすると［色の設定］ダイアロ
グボックスが表示され、色を変更できます。

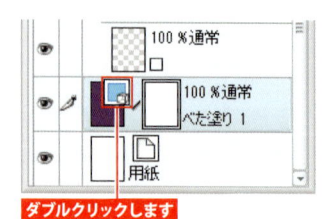

グラデーションを設定する

1-10

手早くグラデーションを描画できる［グラデーション］ツールや、作成後も設定を変更できる［グラデーションレイヤー］などについて解説します。

◆ ［グラデーション］ツール

代表的なサブツール

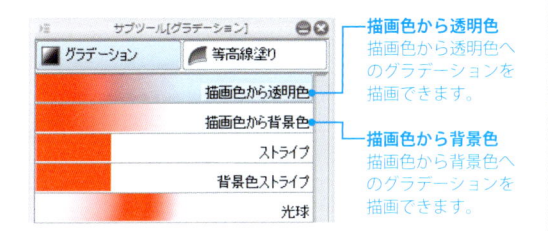

描画色から透明色
描画色から透明色へのグラデーションを描画できます。

描画色から背景色
描画色から背景色へのグラデーションを描画できます。

作成の手順

1 ［グラデーション］ツールで手早くグラデーションを作成できます。グラデーションを作る過程をみていきましょう。まず、メインカラーとサブカラーをあらかじめ決めておきます。この2つの色がグラデーションになります。

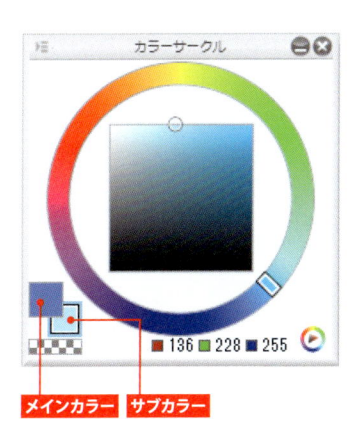

メインカラー　サブカラー

2 ［グラデーション］ツール ⇒ ［描画色から背景色］を選びます。

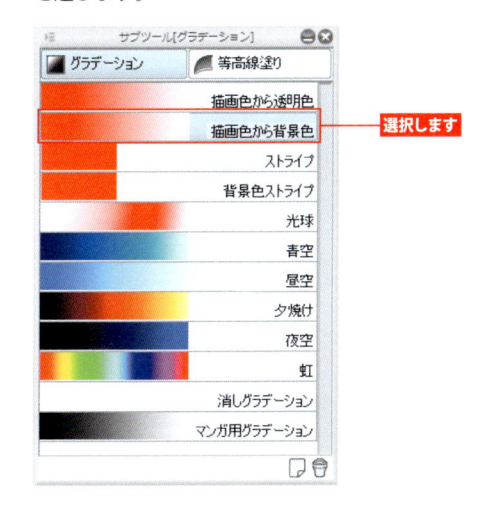

選択します

3 キャンバス内でドラッグすると、グラデーションが描画されます。

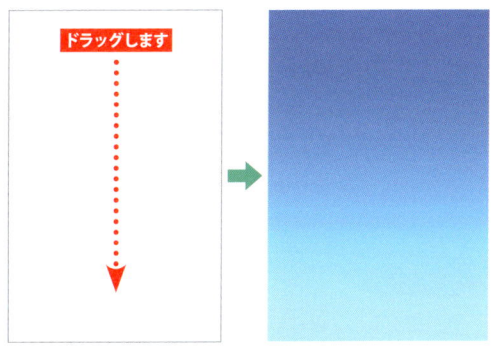

ドラッグします

Point **Shift** キーを押しながらドラッグ
Shift キーを押しながらドラッグすると、45°刻みでグラデーションの方向を限定することができます。垂直・水平方向に描画したいときなどに便利です。

［グラデーション］ツールの基本設定

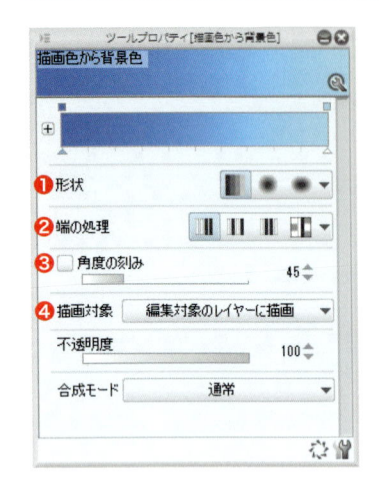

❶形状

グラデーションの形状を、［**直線**］・［**円形**］・［**楕円**］から選択します。

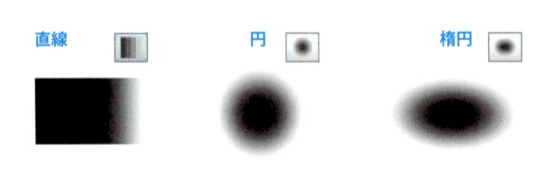

❷端の処理

グラデーションの端をどう描画するかを設定します。

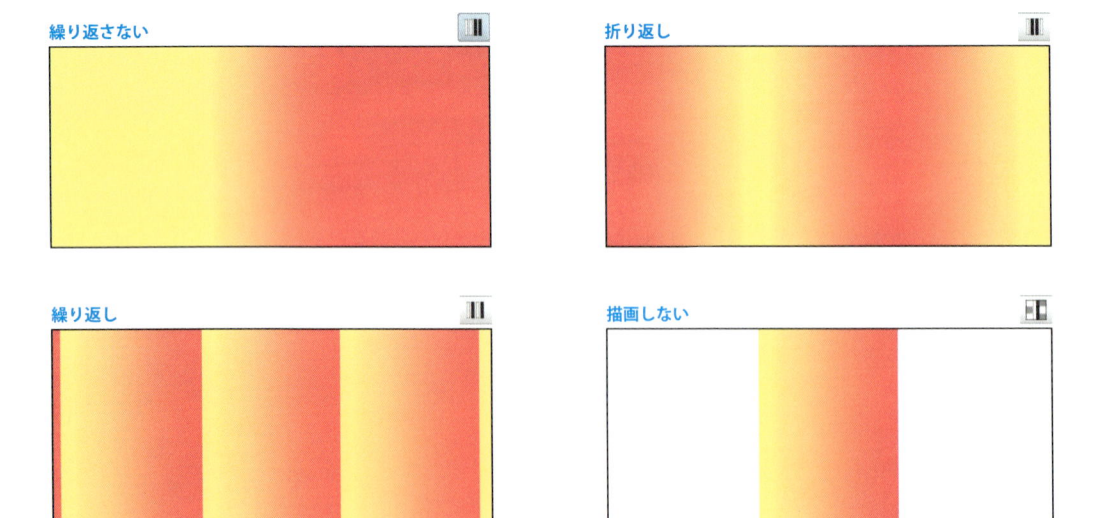

❸角度の刻み

オンにすると、指定した角度でグラデーションの方向を決めることができます。

❹描画対象

［**編集対象のレイヤーに描画**］と［**グラデーションレイヤーを作成**］から選択できます。［**グラデーションレイヤーを作成**］を選択すると、グラデーション作成時にグラデーションレイヤー（82 ページ参照）が作成されます。

［グラデーション］ツールの詳細設定

1 ［ツールプロパティ］パレットでグラデーション
のバーをクリックすると［グラデーションの編
集］ダイアログボックスが表示され、グラデー
ションの詳細設定を行うことができます。

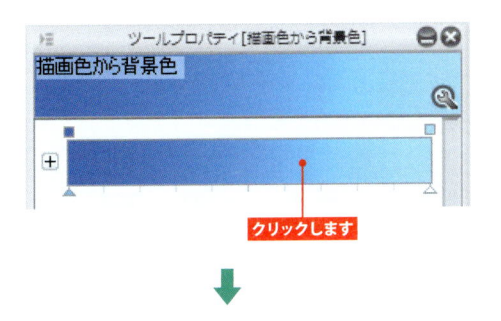

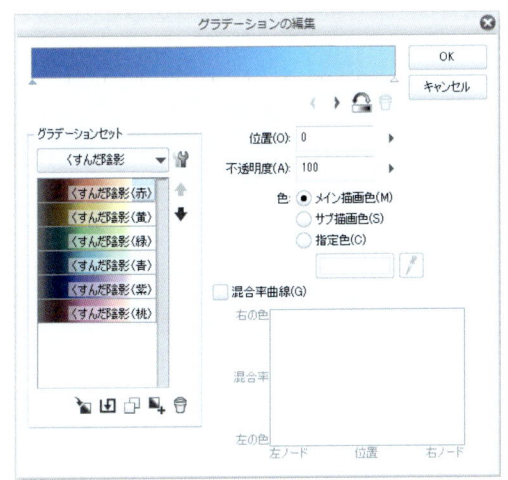

2 上部にあるノード△を動かして、グラデーショ
ンを編集できます。

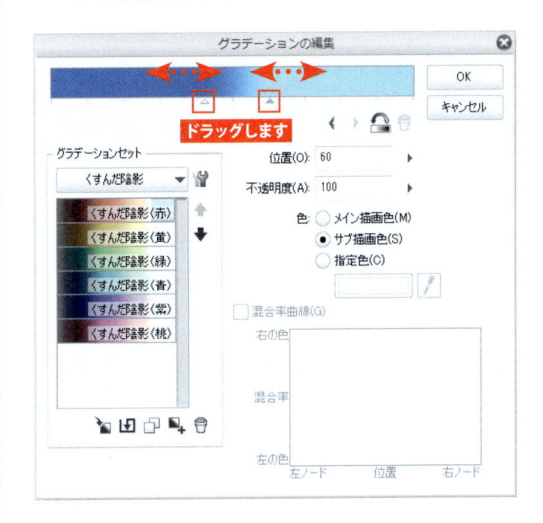

3 バーの下の方をクリックするとノードを追加でき
ます。追加したノードは、［位置］・［不透明度］
に数値で指定することも可能です。
また、［色］の設定でノードの位置の色を変更で
きます。

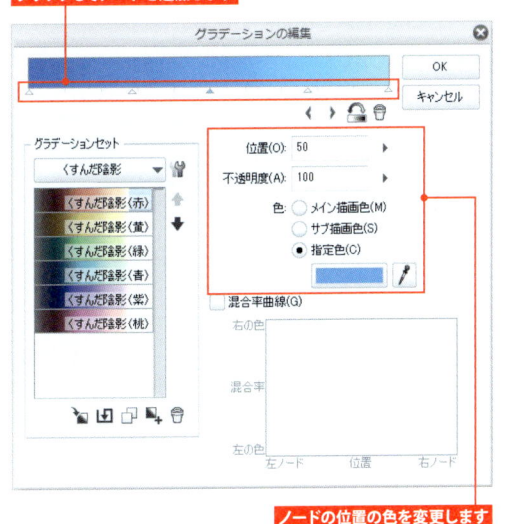

◆ グラデーションレイヤー

[レイヤー] メニュー → [新規レイヤー] → [グラデーション] を選択して、グラデーションレイヤーを作成します。

[グラデーションレイヤー] は、作成後も設定を変更できるのでとても便利です。

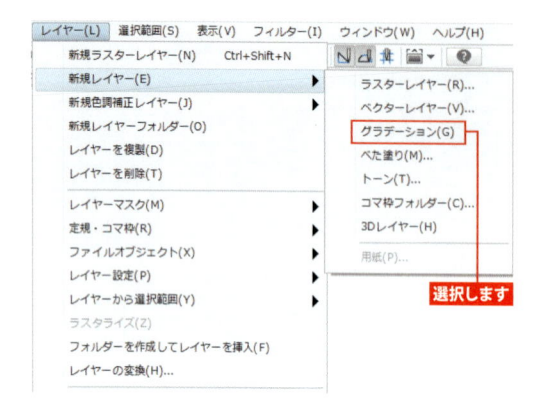

選択します

設定の変更

[レイヤー] パレットで [グラデーションレイヤー] を選択して、[操作] ツール → [オブジェクト] サブツールを選ぶと、[ツールプロパティ] パレットの [塗りつぶし] で [グラデーションレイヤー] の設定を変更できます。

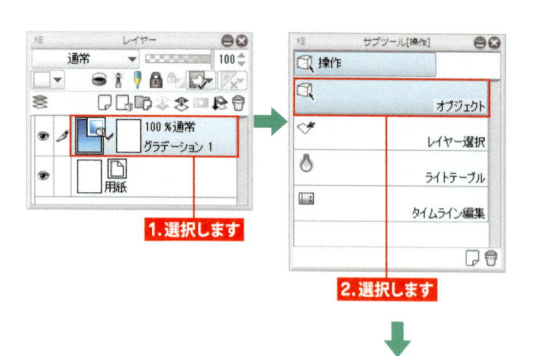

1.選択します

2.選択します

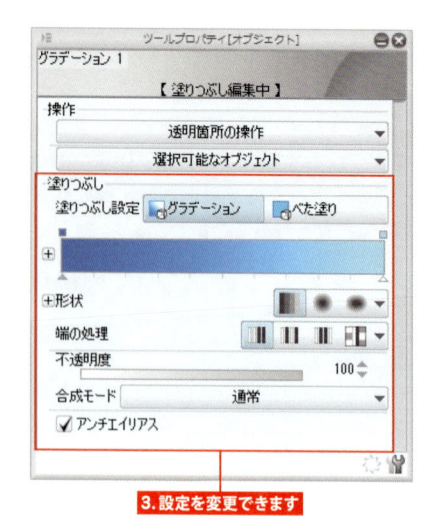

3.設定を変更できます

また、[オブジェクト] サブツールで [グラデーションレイヤー] を選択しているときは、キャンバス上でハンドルを操作して、グラデーションの方向などを変えることができます。

＋のハンドルを動かすと、グラデーションの位置を変更できます。

▱のハンドルを動かすと、グラデーションの方向や長さを変更できます。

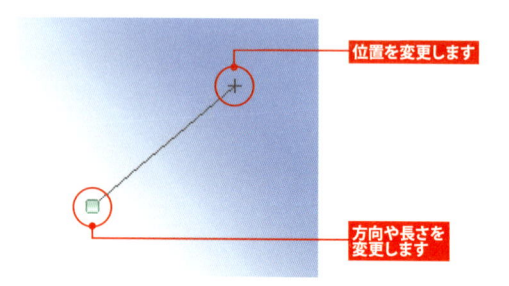

位置を変更します

方向や長さを変更します

選択範囲に作成

特定の範囲にグラデーションを作成したい場合は、[**自動選択**] ツールなどで選択範囲を作成してから [**グラデーション**] ツールを使用するか、[**グラデーションレイヤー**] を作成します。

1 選択範囲を作成します。

2 [グラデーション] ツールでドラッグします。

1-11 下地と混ぜながら塗る

[筆] ツールの [水彩] や [油彩] グループにあるサブツールには、キャンバス上にある色と混ぜながら描画できる機能があります。

◆ 下地と混ぜながら塗る

　色を混ぜながら描画すると、アナログの絵の具のような雰囲気になります。

　色を混ぜるときは、同一レイヤー上で行います。以下の作例では、[筆] ➡ [水彩] ➡ [不透明水彩] で塗っています。

◆ 混ざり具合の設定

　[ツールプロパティ] パレットで設定を変更すると、混ざり具合が変わります。

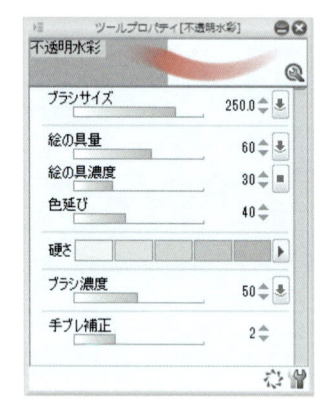

絵の具量

　描画色と下地の色が混ざったときに、[絵の具量] の値が高いほど、描画色が濃く出ます。逆に値が低いほど、下地の色の影響を受けた色になります。

描画色（R=0、G=163、B=20）

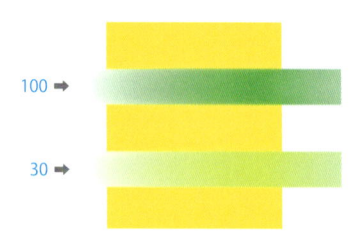

100 ➡

30 ➡

絵の具濃度

[**絵の具濃度**] の値を高くすると、描画色の不透明度が優先されて描画できるため、描画色が濃く出ます。

値を低くすると、下地の不透明度を反映しやすくなります。そのため、下地が半透明のときに [**絵の具濃度**] を低く設定すると、混ざった色も半透明になりやすくなります。

描画色（R=0、G=163、B=20）

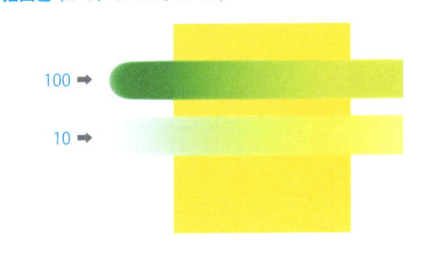

100 ➡

10 ➡

色延び

[**色延び**] の値が高いほど、ストローク開始地点の色を引っ張るように延ばすことができます。

⬅ 色延び：0
⬅ 色延び：50
⬅ 色延び：100

下地混色のオン／オフ

[**サブツール詳細**] パレット ➡ [**インク**] カテゴリ ➡ [**下地混色**] のチェックを外してオフにすると、下地の色に混ざらない状態になります。下地の色と混ぜたくないときは、オフにします。

[**下地混色**] がオフのときは、[**絵の具量**]・[**絵の具濃度**]・[**色延び**] の設定は使用しません。

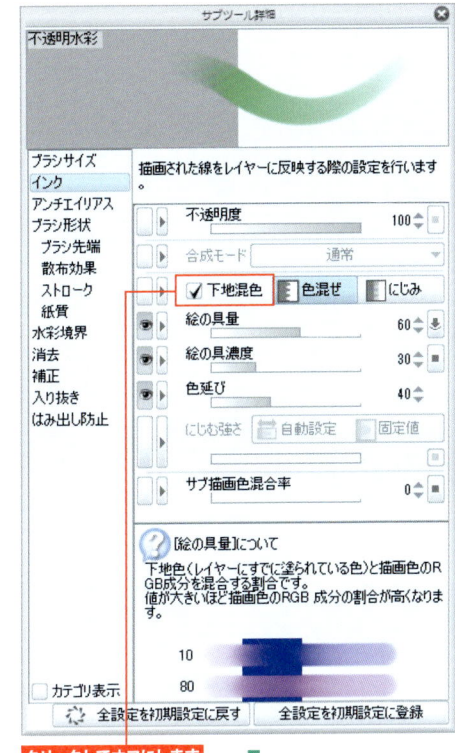

クリックしてオフにします

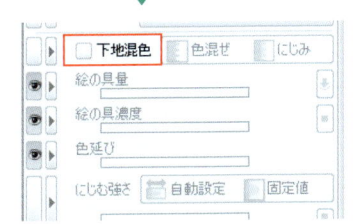

85

にじみ

［**下地混色**］がオンのときに［**にじみ**］を選択すると
色の混ざり方が少し変わり、下地の色をぼかしてから
色が混ざるので、にじみのような表現をしやすくなり
ます。

［**下地混色**］が［**にじみ**］のときは［**にじむ強さ**］を設
定できます。［**自動設定**］にすると、にじませる幅が
ブラシサイズに連動します。［**固定値**］にすると、に
じませる幅を数値で設定できます。

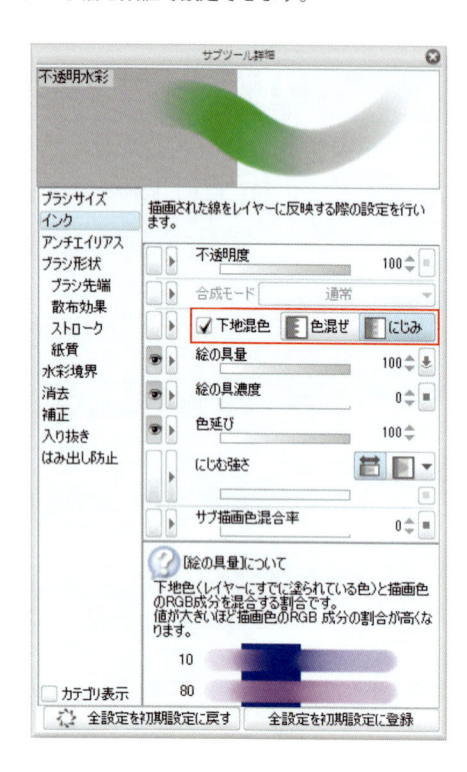

色混ぜ ➡

にじみ ➡

TIPS **下地混色をオフにする**

色を塗り混ぜながら彩色するのは、ユーザーによってはやり
にくいと感じる場合もあるでしょう。

たとえば、［**水彩**］ツールの描き心地は気に入っているが、
すでに塗ってある色と混ぜたくないというときは、［**下地混
色**］をオフにして使用します。

1-12 塗りを下地になじませる

ここでは主に、隣り合った色同士の境界をなじませる [色混ぜ] ツールについて解説します。

◆ [色混ぜ] ツールの使い方

[色混ぜ] ツールにあるサブツールを使って、隣り合う色がどのように混ざるのか見てみましょう。

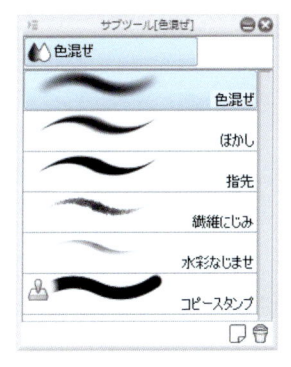

この画像のように、色の境界でペンを動かします。[色混ぜ] ツールは描画部分に使うツールで、何も描かれていないところでは描画できません。

色混ぜ

色の境界を指で絵の具をなじませるようにぼかします。

ぼかし

色の境界を均一にぼかすため、ストロークの跡が見えづらいのが特徴です。

指先

色を引っ張って延ばすようなサブツールです。

繊維にじみ

　紙の繊維に絵の具がにじんだようなストロークで色をなじませます。

水彩なじませ

　水彩の絵筆のようなストロークで色をなじませます。

［色混ぜ］ツールの設定

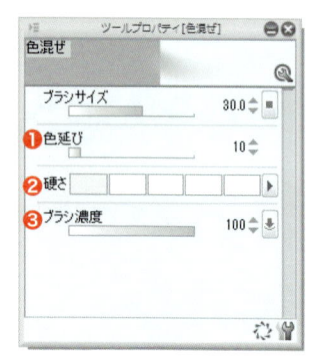

❶色延び

色を引っ張って伸ばす度合いを調整できます。

❷硬さ

　［硬さ］の値を少なくするほど、ドラッグした箇所がぼけます。

［硬さ］最小値 **［硬さ］最大値**

 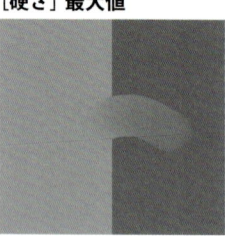

❸ブラシ濃度

　［ブラシ］の濃度の値を上げるほど、強く色をなじませます。少しずつなじませたいときは、値を下げます。

　また、［ブラシ濃度］の横にある［影響元］ボタンをクリックすると、［ブラシ濃度影響元設定］が表示されます。ここで［筆圧］にチェックが入っていると、ペンの筆圧が色をなじませる強さに影響します。

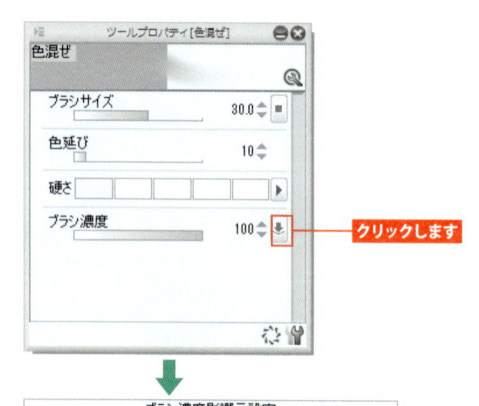

クリックします

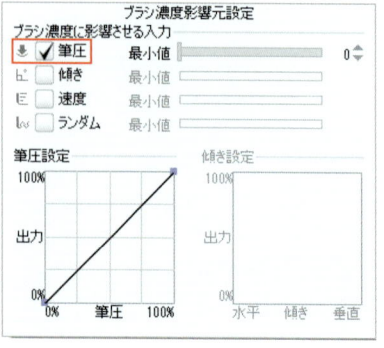

Level 2

線画のテクニック

CLIP STUDIO PAINT Training Book

2-01 清書しやすい下描き

線画を描くときは、「ラフ→下描き→清書」の手順で行うのがよくあるスタイルです。
ラフや下描きが、清書のじゃまにならないような工夫をしておきましょう。

◆ ラフ

ラフは、イラストの完成後のイメージを把握するために描く大まかな下描きのようなものです。カラーイラストの場合は、構図や配色がざっくりとわかるように描きます。

ラフに使うツールはなんでもよいので、自分が使いやすいものを用いるとよいでしょう。線や塗りの精細さは求めないため、ブラシサイズを太めに設定してざっくりと描くと手早くできます。

◆ 下描き用のツール

線画の下描きは、通常は完成時に残らないため、どんなツールを使って描いても問題ありませんが、一般的によく使われるのは [鉛筆] ツールです。

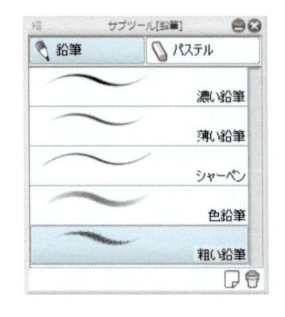

濃い鉛筆

クセのない [鉛筆] ツールです。線画を描くのに適しています。
[ペン] ツールよりも濃淡があり、柔らかい印象のストロークを持ちます。

薄い鉛筆

線を薄く描画するときに使える [鉛筆] ツールです。

シャーペン

クセのないツールですが、[濃い鉛筆] よりも入り抜きが出にくいのが特徴です。

色鉛筆

ストロークに鉛筆の粒子のような跡ができます。

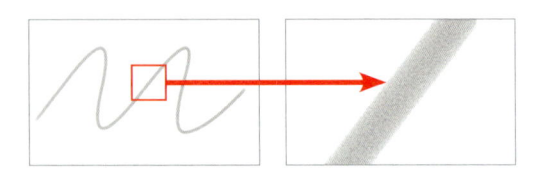

Point [鉛筆] ツールのサブツールには、上記の他にも [リアル鉛筆] や [デッサン鉛筆] があります。

粗い鉛筆

[色鉛筆] サブツールより粗い鉛筆の粒子があるサブツールです。

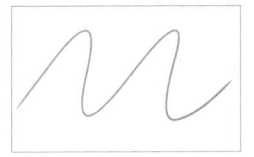

◆ 下描きの色を変える

ラフや下描きのレイヤーカラーを変えると、清書するときの線が見やすくなります。

レイヤーカラーは、[レイヤープロパティ] パレットで変更できます。

[レイヤープロパティ] パレットにある [レイヤーカラー] をクリックすると、レイヤーの描画部分の色が変わります。初期設定では青になります。

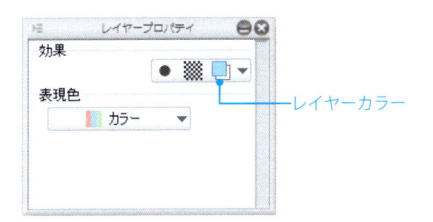

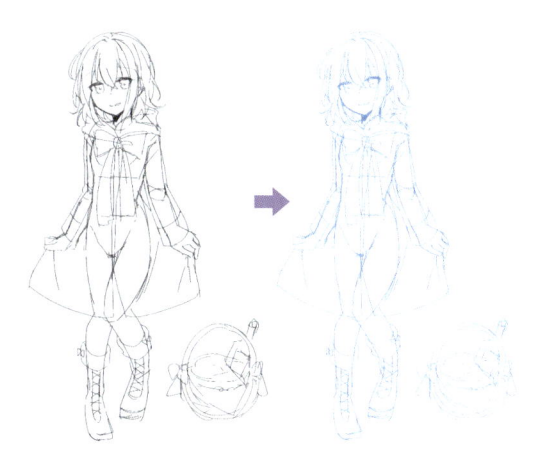

◆ レイヤーの不透明度を下げる

[レイヤー] パレットでレイヤーの不透明度を下げると、下描きが薄くなり、より清書しやすくなります。

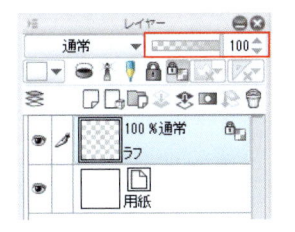

変更前（100%）

変更後（30%）

◆ 下描きレイヤー

［**レイヤー**］パレットで［**下描きレイヤー**］ボタンを
クリックしてオンにすると、［**下描きレイヤー**］に設
定できます。

［**下描きレイヤー**］にすると、［**ファイル**］メニュー
➡［**印刷設定**］や［**画像を統合して書き出し**］を選択
して、［**下描きレイヤー**］を出力しない設定に変更で
きます。

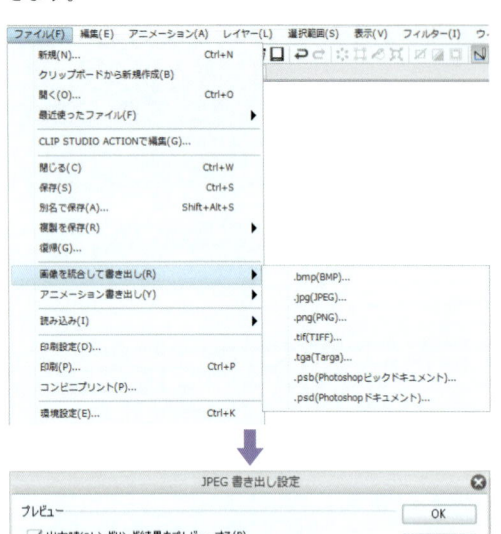

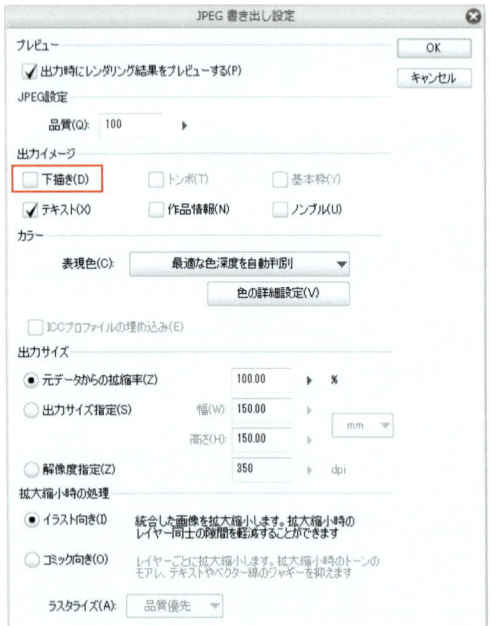

参照しないレイヤーに設定する

また、［**自由選択**］ツールや［**塗りつぶし**］ツール、
［**スポイト**］ツールなどの［**サブツール詳細**］パレット
の設定で、［**下描きレイヤー**］を参照しない設定に変
更できます。

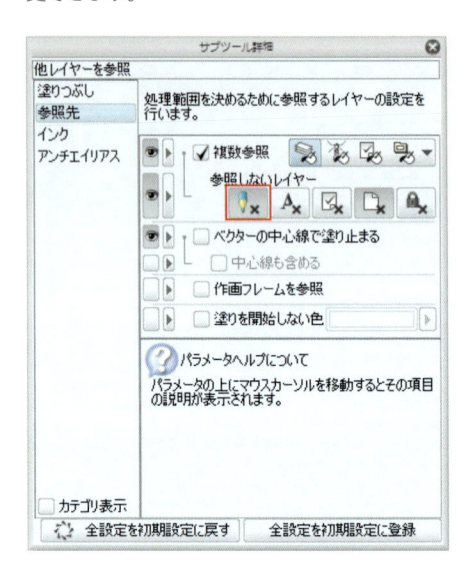

2-02 線のふるえを抑える

デジタルのイラストでは、アナログの描画よりも線がふるえてしまうことが多いものです。
設定を上手に利用して、対策しましょう。

◆ 手ブレ補正

［ペン］や［鉛筆］、［筆］などのブラシツールには、［手ブレ補正］の設定があります。

［ツールプロパティ］パレットでは 0 〜 100 で設定でき、数値が上がるほど線がなめらかになるように補正されます。

試し書きで自分に合った設定値を見つけましょう。

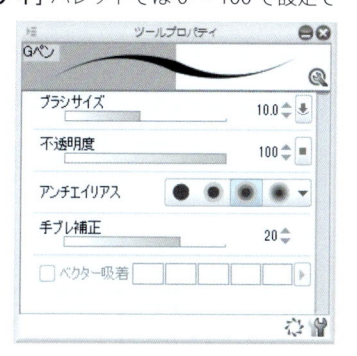

> **Point** ［ツールプロパティ］に［手ブレ補正］がない場合でも、［サブツール詳細］パレットの［補正］カテゴリで［手ブレ補正］を設定できるツールもあります。基本的にブラシツールには［手ブレ補正］があります。確認してみましょう。

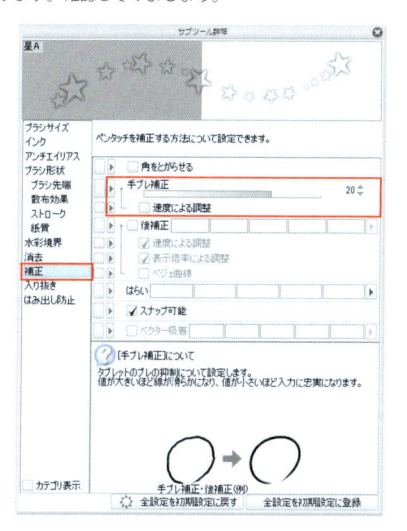

◆ その他の補正

ブラシツールの［サブツール詳細］パレットにある［補正］カテゴリで、より詳細な補正の設定ができます。

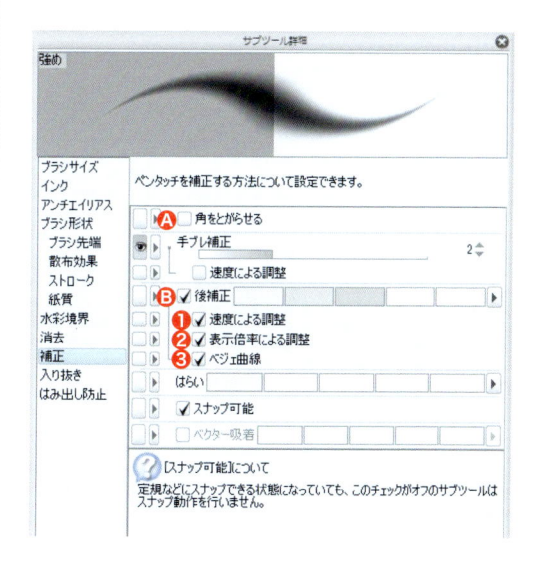

Ⓐ角をとがらせる

オンにすると、描線の角が鋭角に補正されます。

Ⓑ後補正

描画後に線をなめらかに補正する設定です。

基本的には、［手ブレ補正］で十分な場合には設定する必要はありませんが、強く補正したいときや、［手ブレ補正］の値を上げると描きにくい場合に、代わりの設定として使用できます。

❶ 速度による調整

オンにすると、線を描く速度が［**後補正**］の強さに影響します。

❷ 表示倍率による調整

オンにすると、表示倍率が［**後補正**］の強さに影響します。

❸ ベジェ曲線

オンにすると、ベクターレイヤーに描画したときに2次ベジェ曲線になり、アンカーポイントで調整することができます。

※ベクターレイヤーについては101ページ、スプラインや2次ベジェ曲線については113ページをそれぞれ参照してください。

はらい

オンにすると、ペンをタブレットから離した後もペンの動きに追従するようにストロークが細い線になって延びるようになります。

Point 線がうまく引けないときの対処法

思い通りに線が引けないときは、次のような描き方を試してみましょう。

［取り消し］ながら描く

ペンを握っていないほうの手で［**取り消し**］（ Ctrl ＋ Z キー）のショートカットキーを押せるようにして、思い通りに描けるまで［**取り消し**］しながら描きます。

紙を敷いてみる

ペンタブレットの上に紙を敷くのは、アナログからデジタルに移行したユーザーがよくやる方法です。

ペンタブレットの上にコピー用紙などを敷いて描くと、ペンが滑らず紙に描いているような感触になります。

紙はマスキングテープなどで貼ってもよいですが、テープの跡がタブレット本体に付着することがあります。

TIPS 手ブレ補正の適正値

手ブレ補正の適正な設定値には個人差があります。ペンタブレットでの描画にはどうしても線の震えが起こりやすいので、ある程度は設定したほうがよいのですが、数値を上げすぎるとパソコンの動作も遅くなりやすくなります。
その辺りも踏まえて、自分の感覚に合った適正な値を探ってみるとよいでしょう。

TIPS ペンタブレットの筆圧感知

CLIP STUDIO PAINTでイラストやマンガを描くには、ペンタブレットが必要です。ペンタブレットは、タブレット上でペンを動かして絵が描ける機器で「**板タブ**」などと呼ばれたりします。
液晶モニタ上でペンを動かして使うタイプは、液晶ペンタブレット（略して「**液タブ**」）といいます。
ペンタブレットの筆圧感知の機能により、描線に強弱を付けながらペン入れをすることが可能になります。
筆圧は人によって異なります。実際に試し書きしながら、自分にあった設定を見つけるとよいでしょう。

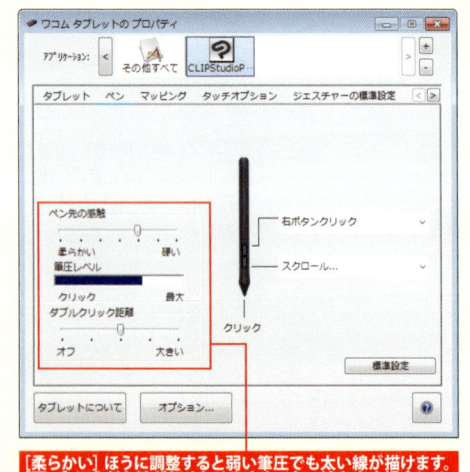

［柔らかい］ほうに調整すると弱い筆圧でも太い線が描けます。
［硬い］ほうだと線が細くなりやすく、太い線を出す場合には、ある程度筆圧を強くしておきます。

※上の画像は、Wacomのペンタブレットの設定画面です。設定内容が異なる場合は、使用しているペンタブレットのマニュアルをご確認ください。

2-03 好みの[ペン]ツールを作成する

自分好みの [ペン] ツールを選択して、必要があれば設定を調整してみましょう。

◆ 代表的な [ペン] ツール

[ペン] ツールのサブツールから、使用する目的に合ったものを選択します。

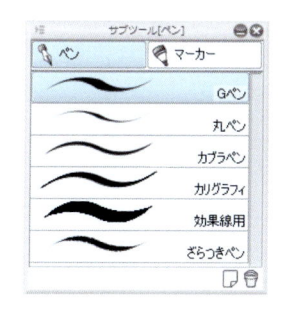

[Gペン]

線の強弱を出しやすい標準的な [ペン]ツールです。

[丸ペン]

細い線が出やすいのが特徴ですが、筆圧を強くすると太い線も描くことができます。

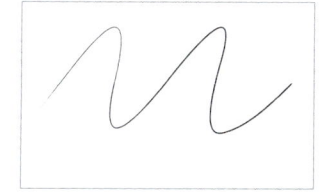

[カブラペン]

太い線が出やすく、[G ペン] と比べると均一の線になりやすいのが特徴です。

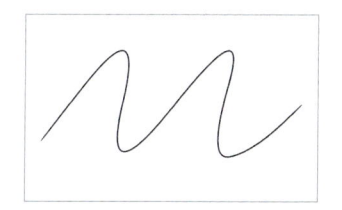

◆ ペンの描き心地を変える

[ツールプロパティ]パレットで[ブラシサイズ] の横にある [影響元] ボタンをクリックすると、[ブラシサイズ影響元設定] が表示されます。

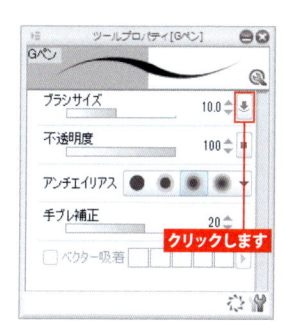

グラフを左上に動かすと、少しの力で太い線が描きやすくなります。描いたときの感触としては、柔らかい描き味になります。

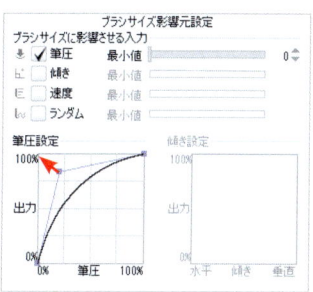

右下に動かすほど細い線が出やすくなり、筆圧を強くしないと太い線にならなくなります。描いたときの感触としては、固い感じになります。

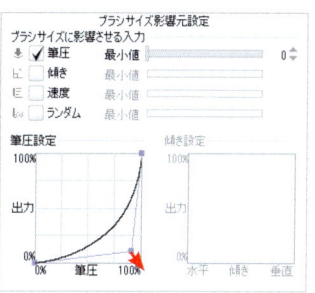

Level 2

◆ 筆圧で濃淡を出す

[**不透明度**] の横にある [**影響元**] ■ボタンをクリックすると、[**不透明度影響元設定**] を表示できます。

[**筆圧**] にチェックを入れると、筆圧が弱いときは薄く、強いときは濃い線で描けます。

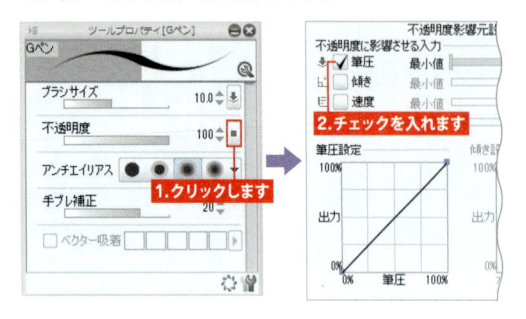

1.クリックします
2.チェックを入れます

使用サブツール：[Gペン]
赤い枠のあたりが筆圧を強くして描画した部分

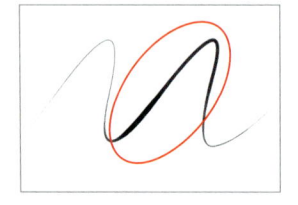

◆ 入り抜き

「**入り抜き**」とは線の強弱のことで、線の入りをだんだん太くしていき、逆に線を抜くときは細くすることを指します。

入り　**抜き**

入り抜きの設定

入り抜きの効果を加えることもできます。入り抜きは筆圧で調整できるため、必ず設定しなくてはいけないわけではありませんが、思い通りに入り抜きが出ない場合は、調整してみるとよいでしょう。

[**サブツール詳細**] パレット ➡ [**入り抜き**] カテゴリで設定します。

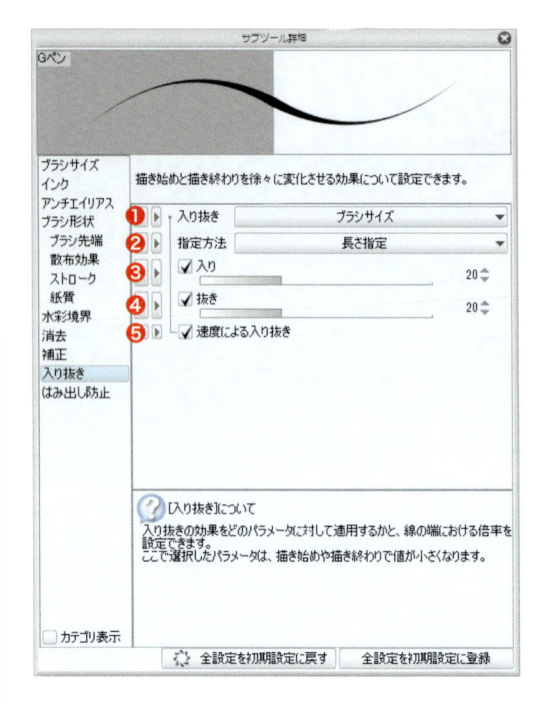

❶入り抜き

入り抜きの効果を反映させるパラメータを選択します。例えば [**ブラシサイズ**] を選択すると、線の「**入り**」と「**抜き**」のときにブラシサイズが小さくなります。

❷指定方法

・長さ指定
　入り抜きの効果の範囲を線の長さで指定します。

・パーセント指定
　入り抜きの効果の範囲を％で指定します。

❸入り

線の引き始めから、徐々に太くなっていく効果の範囲を設定します。

❹抜き

線を抜くときに、徐々に細くなっていく効果の範囲を設定します。

❺速度による入り抜き

オンにすると、描く速度によって入り抜きの効果の範囲が変わります。ゆっくり線を引くと、入り抜きの範囲が狭くなります。

2-04 アナログ線画をスキャンする

アナログで描いた線画をスキャンする方法を解説します。
スキャンした画像は白い部分を透明にすると、その後の作業が進めやすくなります。

◆ イラスト用の線画を読み込む

　ここでは、イラスト用に解像度350dpiで線画を読み込みます。

1 新規キャンバスを作成します。キャンバスを作成した状態でないとスキャンでの読み込みはできません。ここでは、「基本表現色：グレー・解像度：350dpi」で取り込むことを前提に設定しています。

2 ［ファイル］メニュー ➡ ［読み込み］ ➡ ［スキャン］を選択します。

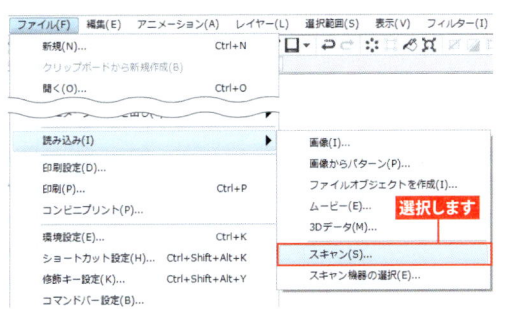

3 スキャンするときは、解像度に注意します。ここでは、グレースケールの解像度350dpiで読み込みます。スキャナの使い方は機種によって異なるため、使用するスキャナの説明書などをご確認ください。

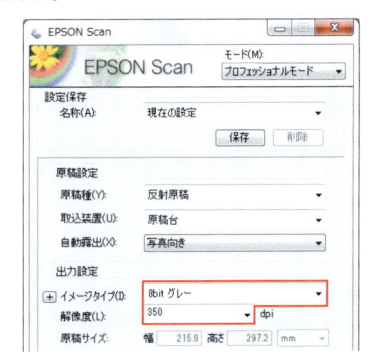

4 ［オブジェクト］サブツールで移動、拡大・縮小・回転が可能ですが、拡大・縮小は画質が変わってしまうため、できるだけ使用しないほうがよいでしょう。

5 読み込んだ画像は［画像素材レイヤー］というタイプのレイヤーになっています。これを［レイヤー］メニュー ➡［ラスタライズ］でラスターレイヤーに変更します。

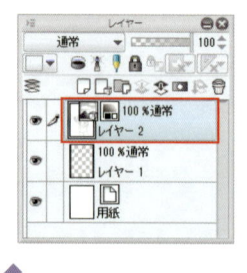

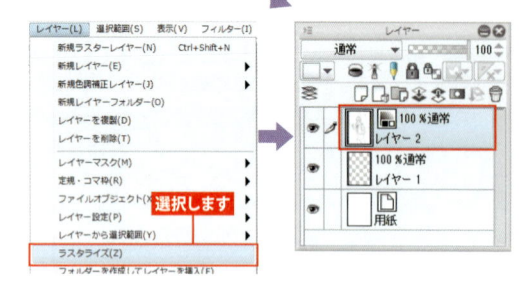

6 ［レイヤープロパティ］で［表現色］が［グレー］になっていることを確認します。もし［カラー］の場合には、［グレー］にしておきましょう。

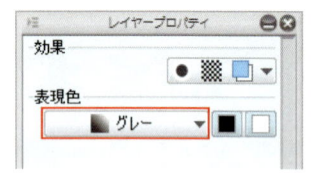

7 ［編集］メニュー ➡［色調補正］➡［レベル補正］を選択します。［レベル補正］ダイアログボックスで［シャドウ入力］を右に動かすと黒い部分が増え、［ハイライト入力］を左に動かすと白い部分が増えます。グレーの部分を消して、黒い線がきれいに出るように調整します。

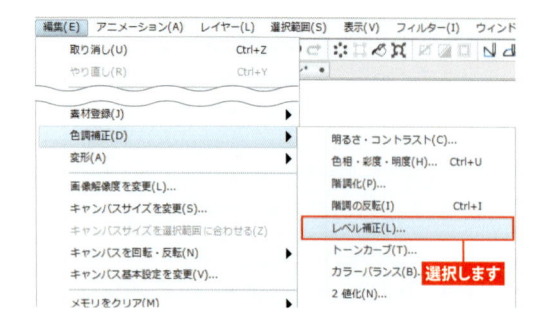

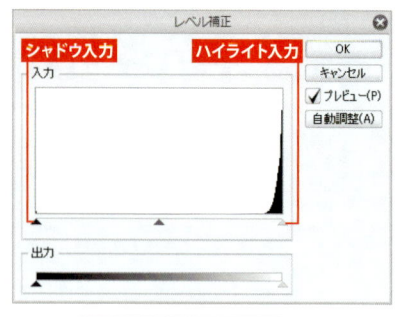

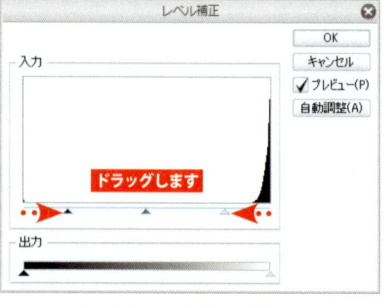

8 ［編集］メニュー ➡ ［輝度を透明度に変換］を選択すると、白い部分が透明になります。
用紙レイヤーを非表示にすると、線以外が透明になっていることがわかります。

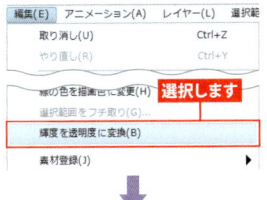

Point 線以外を透明にしておくと、下にレイヤーを作成して彩色できるようになります。

9 ［線修正］ツール ➡ ［ごみ取り］グループ ➡ ［ごみ取り］サブツールに切り替えます。

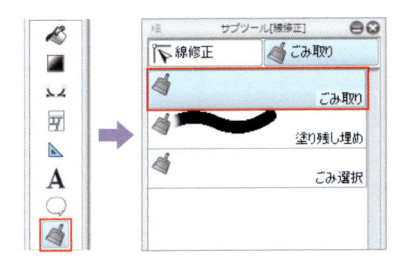

ドラッグしてできる範囲にあるごみ（小さい点のような不要な部分）を消すことができます。
［ごみ取り］でとれなかったごみがある場合は、［消しゴム］ツールを使用して消してしまいましょう。

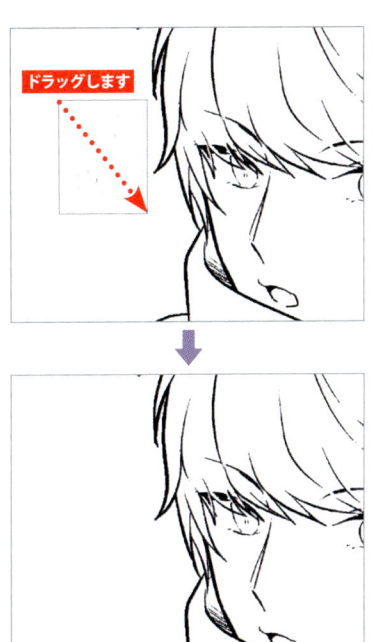

以上で、完了です。

◆ モノクロの線画にしたい場合

グレーでスキャンした線画をモノクロ（モノクロ二階調）にしたい場合は、次のように処理します。

※モノクロの線画は線のガタガタが目立つので、解像度600dpi以上で読み込むようにしましょう。

1 スキャンで読み込みます（97ページ参照）。

2 ［レイヤープロパティ］パレットの［減色表示］ボタンをクリックして、［表現色］を［モノクロ］に変更します。

3 ＋をクリックして、詳細な設定を行いします。［色の閾値］で黒の範囲を調整します。値を下げすぎると細い描線が消えますが、上げすぎると不要なノイズ（ごみ）が増えるので、注意が必要です。

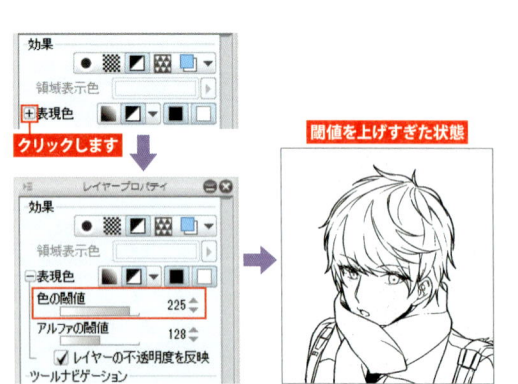

4 ［レイヤープロパティ］パレットの ■ ボタンをクリックして、黒を表示、白を非表示にすると、白い部分が透明になります。

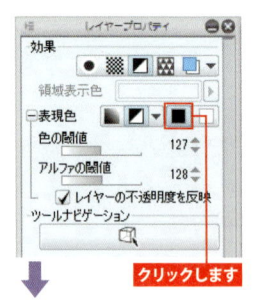

5 ラスタライズして、ごみを取ったら完成です。

Point ごみ取りフィルター機能

［ごみ取り］サブツール以外に、［フィルター］メニュー ➡ ［線画修正］➡ ［ごみ取り］でもごみを消すことができます。

2-05 ベクターレイヤー

ベクターレイヤーは、描いた線の太さや形を後から編集できるレイヤーです。

◆ ベクターレイヤーの作成

[レイヤー] パレットで [新規ベクターレイヤー] を
クリックすると、ベクターレイヤーが作成されます。

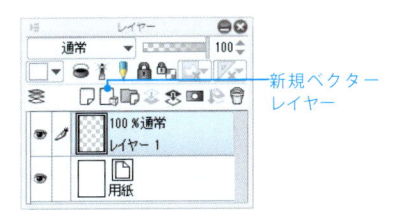

新規ベクター
レイヤー

[レイヤー] メニュー ➡ [新規レイヤー] ➡ [ベク
ターレイヤー] を選択しても、ベクターレイヤーを作
成できます。

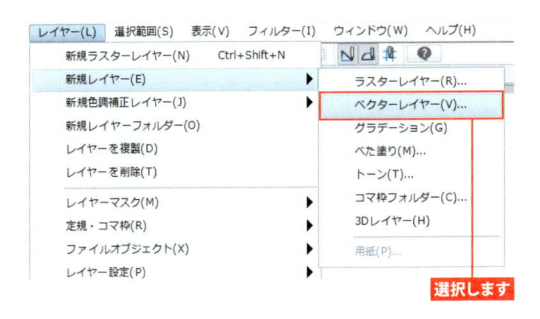

選択します

ベクターレイヤーのアイコンが目印です。

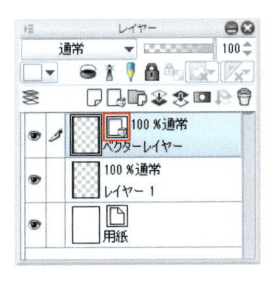

◆ ベクターレイヤーの特徴

制御点

　ベクターレイヤー上で描画した画像を「ベクター画
像」といいます。

　ベクター画像の線には「制御点」が作成されます。
この制御点がつながっている線を「パス」といいます。

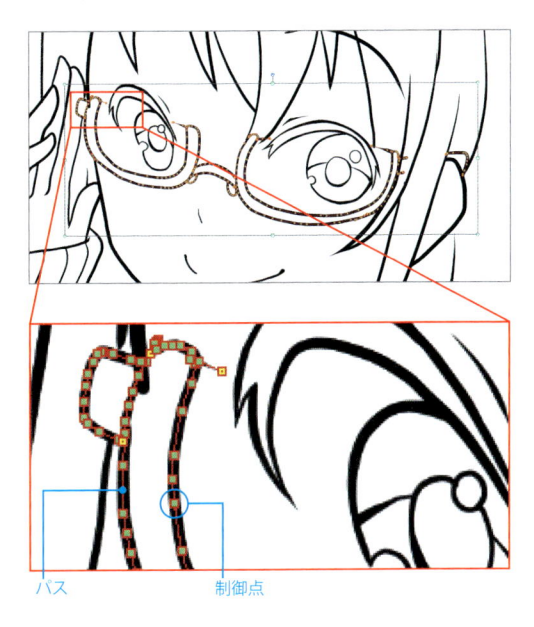

パス　　　　　　　　制御点

ラスターレイヤーに描いた画像は拡大すると劣化しますが、ベクター画像は拡大時も劣化しにくいのが特徴です。

　そのため、線画はベクターレイヤーで描いたほうが、後で修正しやすい面があります。

※下の例では分かりやすくするため、メガネと他のパーツを別レイヤーに分けて、他のパーツのレイヤーの不透明度を下げています。

ベクターレイヤーで使えないツール

　[塗りつぶし] や [グラデーション] ツールは、ベクターレイヤーでは使えません。また [色混ぜ] ツールは使用できますが、その機能を十分に活かすことができません（[色延び] の機能が無効になります）。

　また、ベクターレイヤーは線を描くのには便利ですが、色を塗るのには適していません。

　ベクターレイヤーでは、[塗りつぶし] や [グラデーション] ツールを使おうとすると、禁止マーク🚫が表示されます。

2.禁止マークが表示され使用できません

1.[塗りつぶし] を選択します

2-06 ベクター用消しゴム

ベクターレイヤーの線を修正するときは、ベクター用消しゴムが便利です。

◆ ベクター用の消しゴム

［消しゴム］ツール ➡ ［ベクター用］は、ベクター画像専用の消しゴムです。

［ベクター消去］の設定によって、線の消え方が変化します。

次のような画像に同じような操作をしたときに、［ベクター消去］の設定でどのような結果が変わるかみてみましょう。

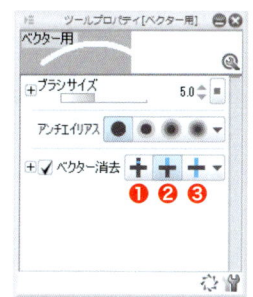

消す前の画像

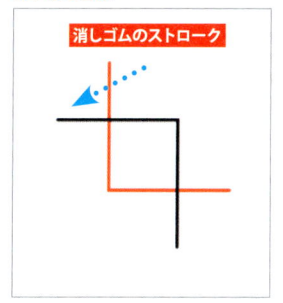

消しゴムのストローク

❶触れた部分

［ベクター用］で触れたところだけを消します。

❷交点まで

［ベクター用］で触れた箇所から、線が交差したところまでを消します。

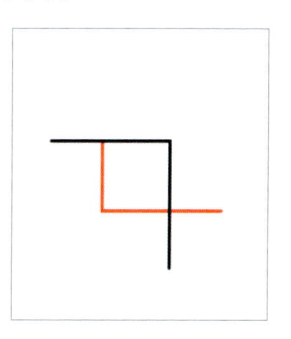

❸線全体

［ベクター用］で触れた線全体を消します。

Level 2

◆ [交点まで] を活用する

[ベクター用] の設定で特に便利なのが、[交点まで] です。

[交点まで] は線が交差したところまでを消すため、はみ出た線や複雑に入り組んだ線をきれいにする際に重宝します。

1 [消しゴム] ツール ➡ [ベクター用] サブツールを選択します。

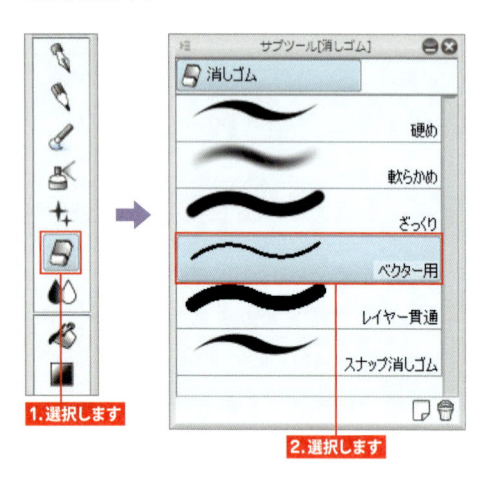

2 線がはみ出たところなどをドラッグすると、線をきれいに整えることができます。

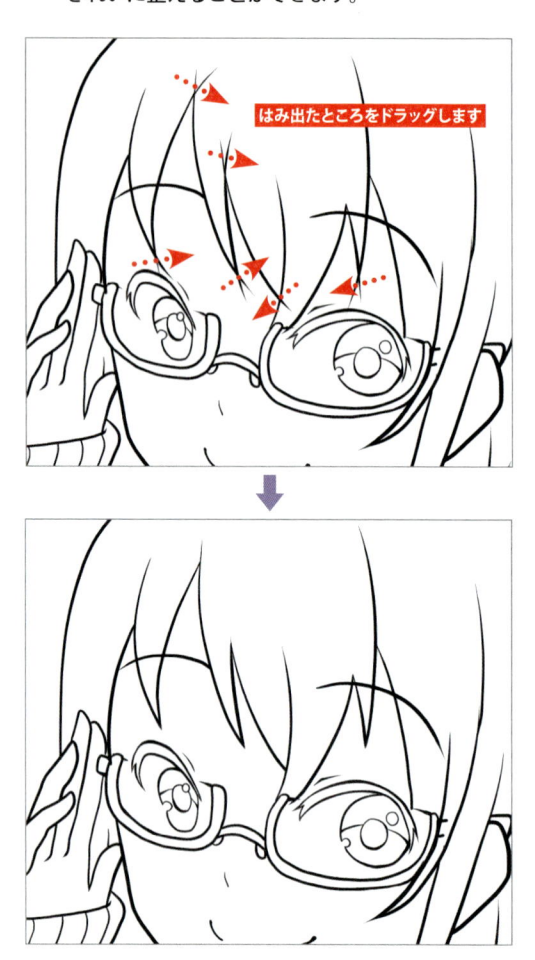

2-07 ベクター画像の位置や大きさを変える

［オブジェクト］サブツールでベクター画像を拡大したり、線の太さや色を変更したりする操作を覚えておきましょう。

◆ ［オブジェクト］サブツールによる編集

移動・拡大・縮小・回転

［オブジェクト］サブツールでベクター画像を選択すると、拡大・縮小・回転などの操作を行えます。

1 ［レイヤー］パレットで編集したいベクターレイヤーを選択します。

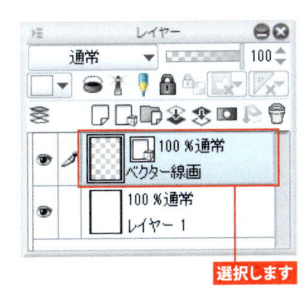

選択します

2 ［オブジェクト］サブツールを選択します。

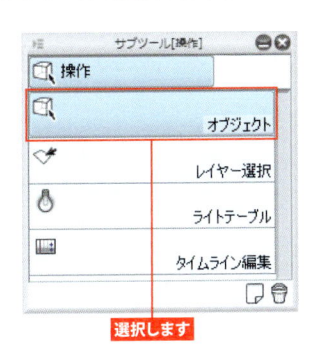

選択します

3 キャンバス上のベクター画像をクリックして選択すると、移動・拡大・縮小・回転できます。

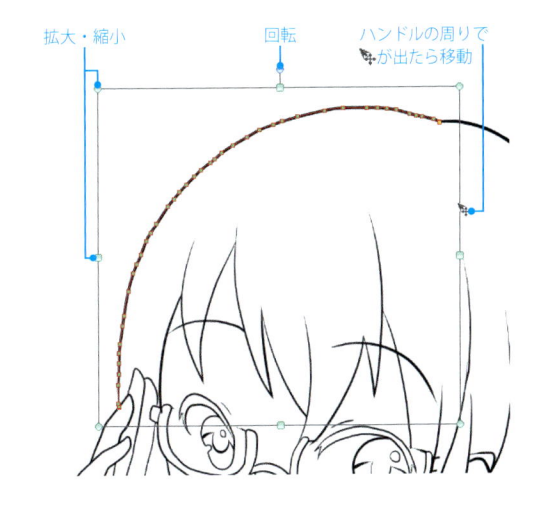

拡大・縮小　　回転　　ハンドルの周りで ✥ が出たら移動

4 制御点を動かすこともできます。

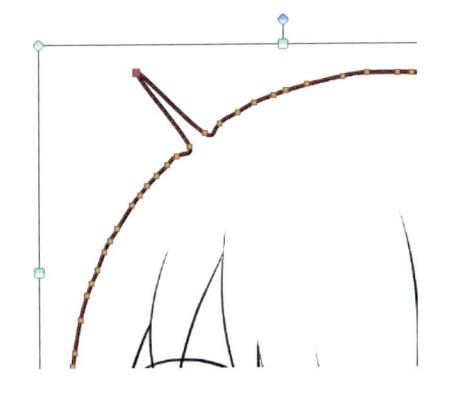

Point ［ツールプロパティ］パレットで［拡縮時に太さを変更］にチェックを入れると、拡大・縮小したときに、大きさに連動して線の太さも変わります。

Level 2

複数のパスを選択する

1 複数のつながっていないパスを選択したい場合が
あります。

2 [ツールプロパティ] パレットで [透明箇所の操
作] をクリックして、[ドラッグで複数選択] に
チェックを入れます。

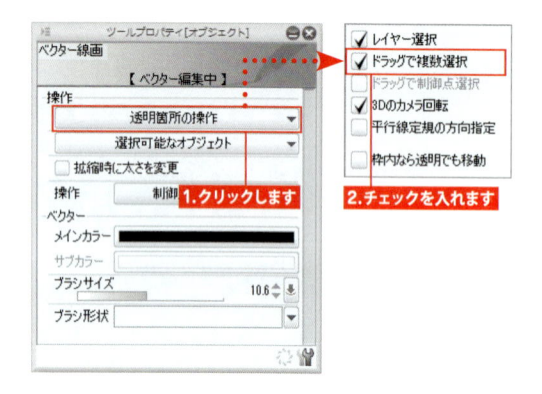

3 キャンバス上でドラッグすると、ドラッグした範
囲のベクター画像を選択できます。

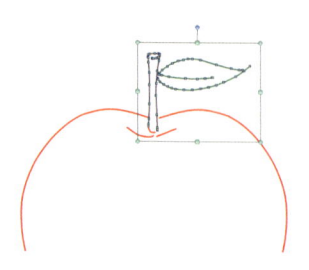

線の幅と色を変更する

1 ベクター画像を [オブジェクト] サブツールで選
択します。

2 [ツールプロパティ] から [メインカラー] をク
リックして、[色の設定] ダイアログボックスを
開きます。

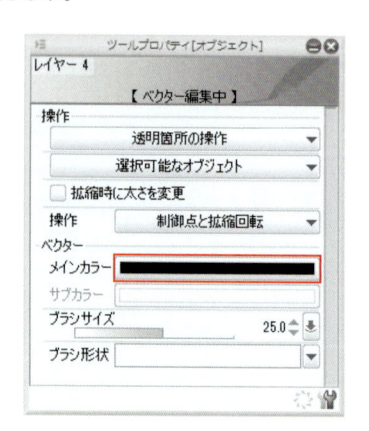

3 カラーピッカーで色を変更できます。

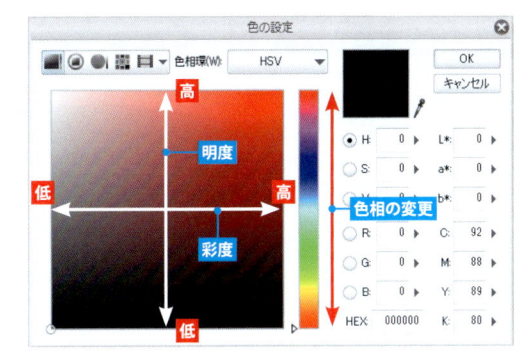

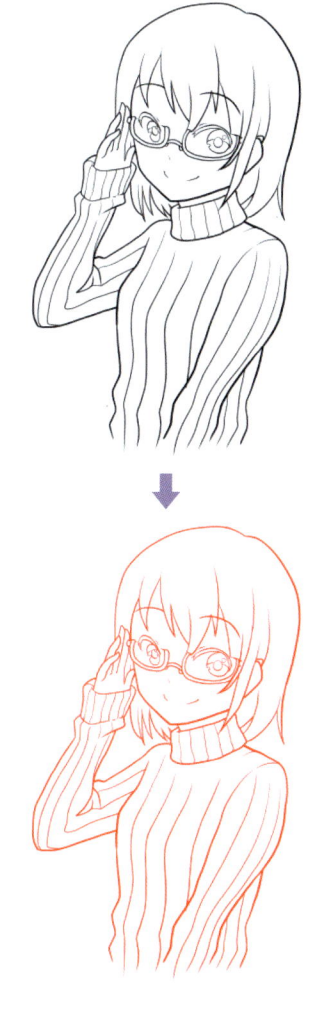

4 ［ツールプロパティ］から［ブラシサイズ］を変更すると、線の太さが変わります。

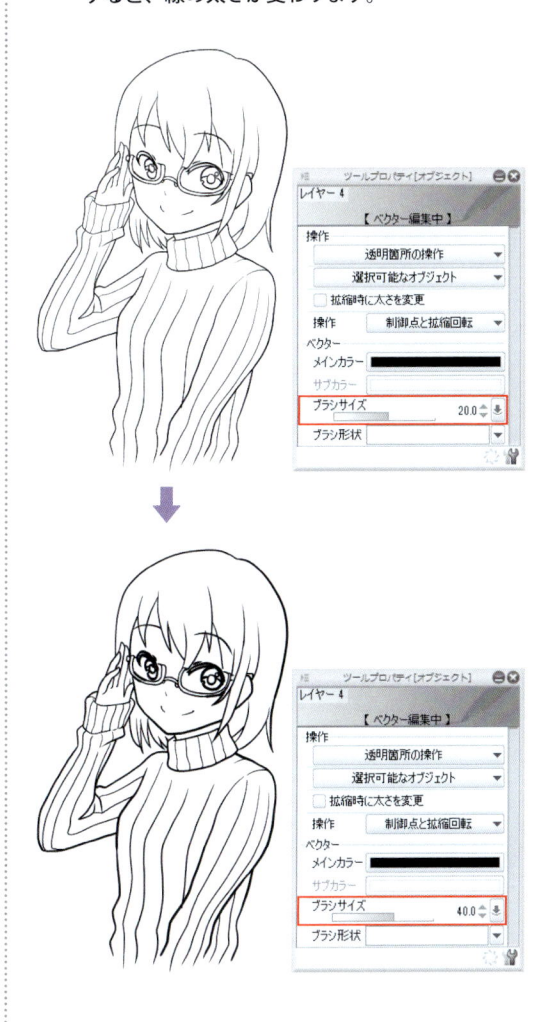

ベクター画像の線を編集する

2-08

ここでは、ベクター画像の線を編集する［線修正］ツールについて解説します。
［線修正］ツールは制御点を編集したり、線の一部を太くしたりできるツールです。

◆［線修正］ツール

［制御点］サブツール

　［線修正］ツールの［制御点］サブツールは、制御点の追加や削除ができるサブツールです。作業の内容に合わせて、［ツールプロパティ］の［処理内容］を変更しながら使用します。

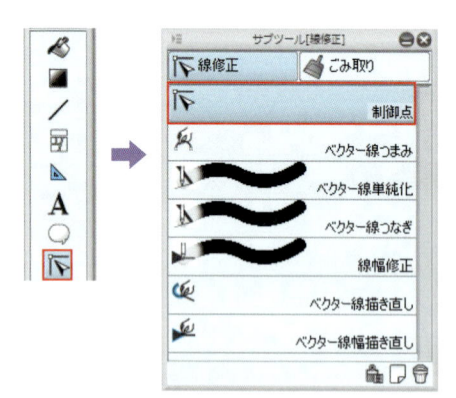

❶ ドラッグして制御点を移動します。

❷ パスの上に新規に制御点を追加します。

❸ クリックした制御点を削除します。

❹ 角になった制御点に対して、角をなくします。

❺ 制御点を左にドラッグすると周りの線幅が細くなり、右にドラッグすると線幅が太くなります。

❻ 制御点を左にドラッグすると周りの線の濃度を下げ、右にドラッグすると濃度を上げます。

❼ クリックした箇所でパスを切断します。

入り抜きを加える

1 制御点の周りの線幅を変えることで、入り抜き（線の強弱）を後から追加できます。

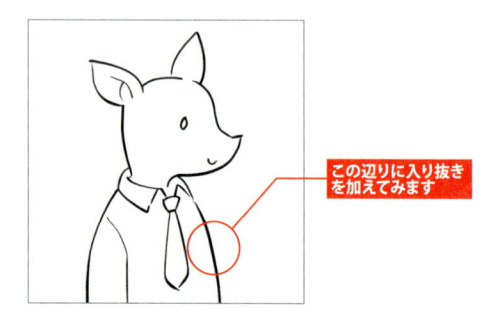

この辺りに入り抜きを加えてみます

2 ［線修正］ツール ➡ ［制御点］サブツールを選択して、［ツールプロパティ］➡［処理内容］で［線幅修正］を選択します。

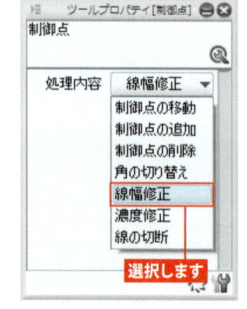

選択します

3 入り抜きを入れたい部分の制御点の上で、左にドラッグします。

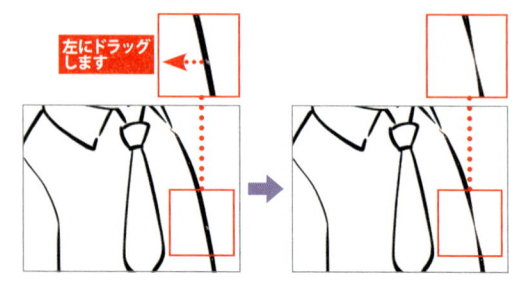

左にドラッグします

4 線画に入り抜きが追加できました。

線の太さを均一にする

1 ［線修正］ツール ➡ ［線幅修正］サブツールを
使って、線幅を均一に修正できます。

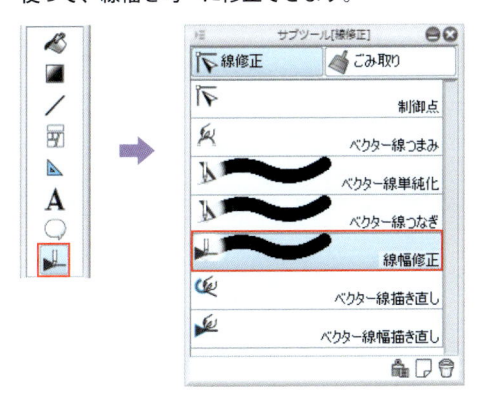

2 ［ツールプロパティ］パレットで［一定の太さにする］を選択して値を調整します。この値が線の太さになります。ここでは、[5.0] に設定しました。

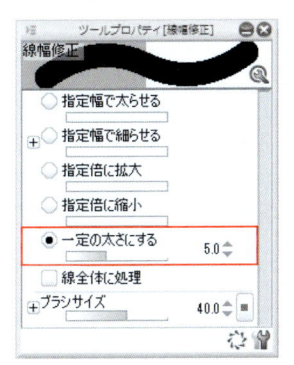

3 ［線幅修正］サブツールで線をなぞると、均一な
線になります。

2-09 ［図形］ツール

幾何学的な模様や無機物を描画するときには、［図形］ツールを使います。

◆ ［直接描画］グループ

［図形］ツール ➡ ［直接描画］グループには、［直線］サブツールのような使いやすいサブツールの他にも、長方形や楕円などの基本的な図形を描くサブツールがあります。

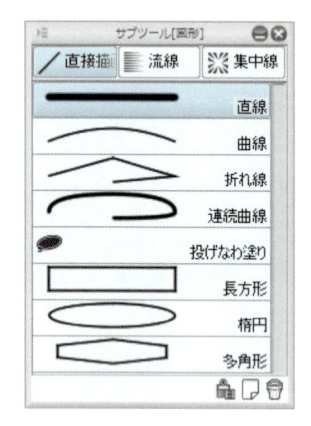

直線  直線

ドラッグするだけで直線を描けます。

Shift キーを押しながら描画すると、45°刻みの方向に線を引けます。垂直／平行な線を描きたいときに便利です。

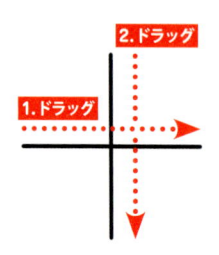

曲線 曲線

曲線を作るサブツールです。ドラッグした後でマウスを動かし、曲線の形を確定します。

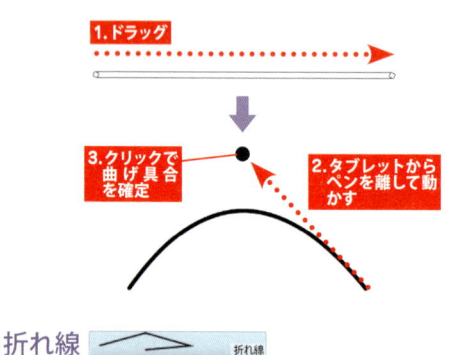

折れ線 折れ線

折れ線状の線を描くサブツールです。角になるところでクリックしていきます。

連続曲線 連続曲線

複雑な曲線を描くサブツールです。操作方法を［スプライン］・［2次ベジェ］・［3次ベジェ］などから選択して使います（詳しくは、112ページ参照）。

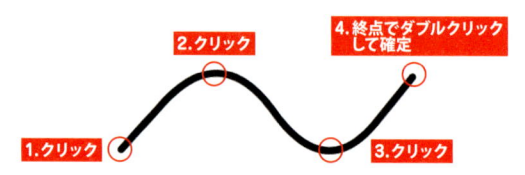

投げなわ塗り

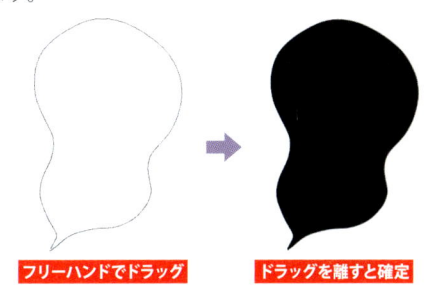

フリーハンドで囲った部分が描画色で塗りつぶされます。

フリーハンドでドラッグ　**ドラッグを離すと確定**

長方形

ドラッグして長方形を描けます。 Shift キーを押しながらドラッグすると正方形を作成できます。

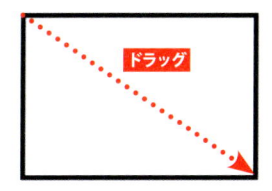

ドラッグ

楕円

楕円を描けるサブツールです。ドラッグした後にマウスを動かして角度を決めて、クリックで確定します。

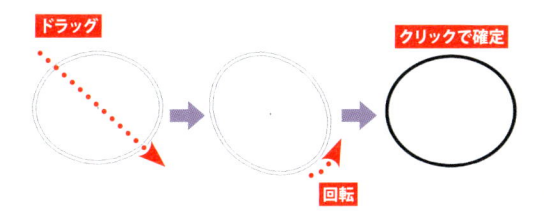

ドラッグ　**回転**　**クリックで確定**

角度の調整が必要ない場合は、［**ツールプロパティ**］パレットで［**確定後に角度を調整**］のチェックを外すとよいでしょう。

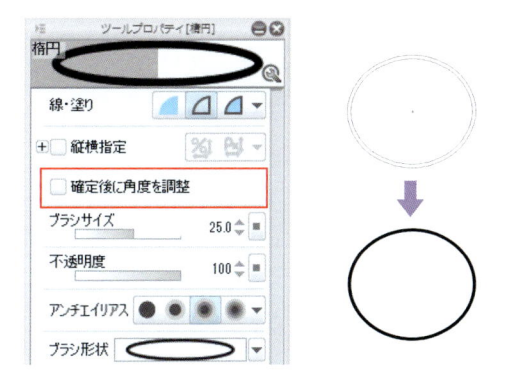

多角形

三角形や六角形などの多角形を描けるサブツールです。初期設定では六角形を作成できます。

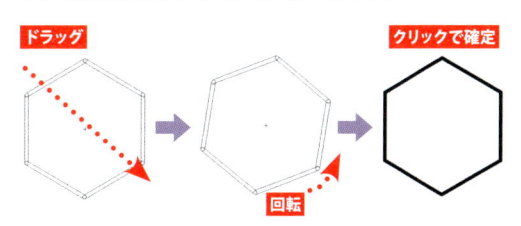

ドラッグ　**回転**　**クリックで確定**

［**ツールプロパティ**］パレットで［**図形**］設定の＋をクリックして拡張パラメータを表示すると、［**多角形の頂点数**］を設定できます。例えば、［**3**］に設定すると三角形を描くことができます。

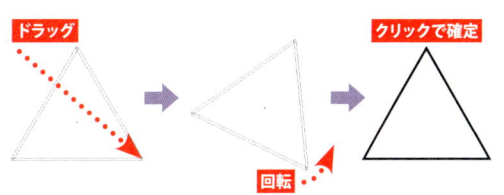

ドラッグ　**回転**　**クリックで確定**

2-10 連続曲線でパスの曲線を作る

ベクターレイヤーで［連続曲線］サブツールで描画した曲線は、パスとして自由に編集できます。

◆［連続曲線］サブツール

［**連続曲線**］サブツールを使うと、パスの曲線を描くことができます。

　パスとして後で編集するためには、ベクターレイヤーで作業する必要があります。

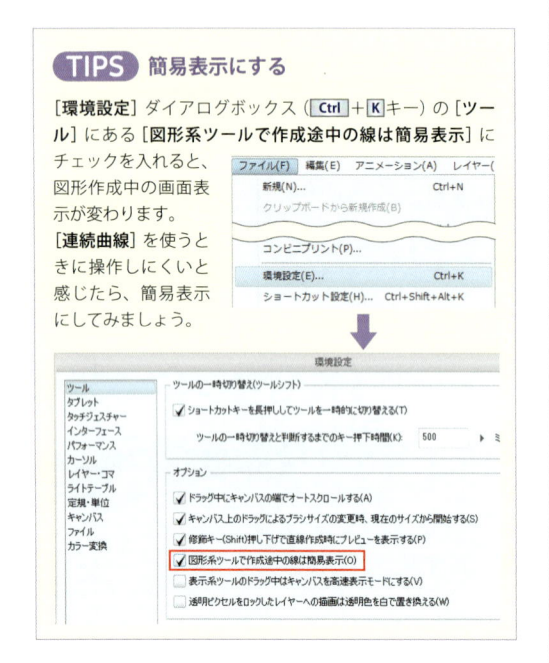

> **TIPS** 簡易表示にする
>
> ［環境設定］ダイアログボックス（Ctrl＋Kキー）の［ツール］にある［図形系ツールで作成途中の線は簡易表示］にチェックを入れると、図形作成中の画面表示が変わります。
> ［連続曲線］を使うときに操作しにくいと感じたら、簡易表示にしてみましょう。

スプライン

1 ベクターレイヤー上で作業します。

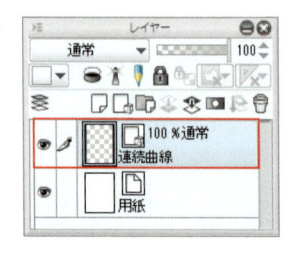

2 ［図形］ツール ➡ ［連続曲線］サブツールを選択します。

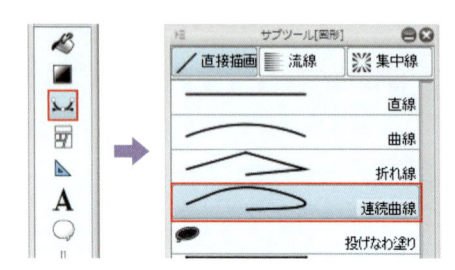

3 ［ツールプロパティ］パレットで［曲線］を［スプライン］に設定します。

スプライン

4 複数の箇所をクリックします。

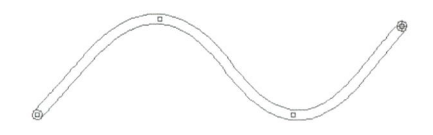

5 クリックした箇所を基準に曲線が作成されます。

2次ベジェ

1 ベクターレイヤー上で作業します。

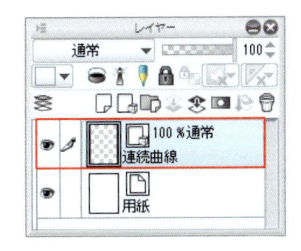

2 ［図形］ツール ➡ ［連続曲線］サブツールを選択します。

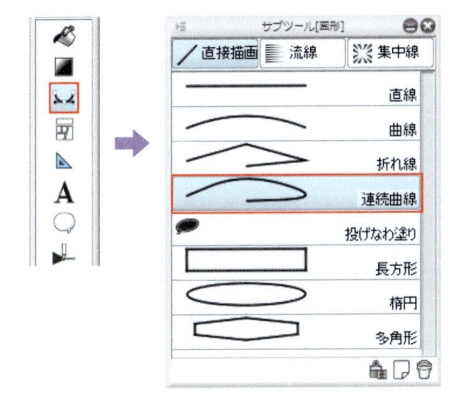

3 ［ツールプロパティ］パレットで［曲線］を［2次ベジェ］にします。

4 始点をクリックします。

5 「始点→2点目→3点目」とクリックしていくと、始点と3点目を結ぶ線を2点目が引っ張っているような曲線になります。

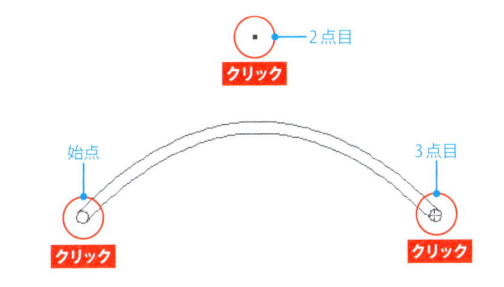

> **Point** 2点目以降、描画途中で失敗したときは Delete キーで1段階戻すことができます。

6 ダブルクリックすると、曲線が確定されます。

> **Point** 線をつなげていき、始点まで戻って線を閉じることもできます。

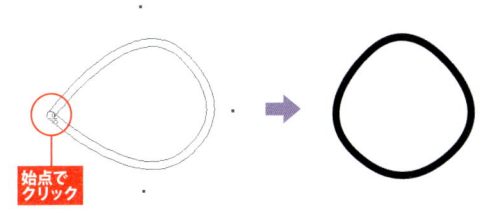

3次ベジェ

1 ベクターレイヤー上で作業します。

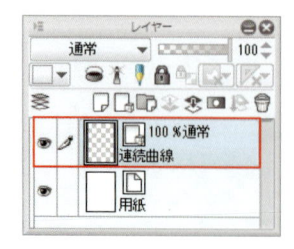

2 [図形] ツール ➡ [連続曲線] サブツールを選択します。

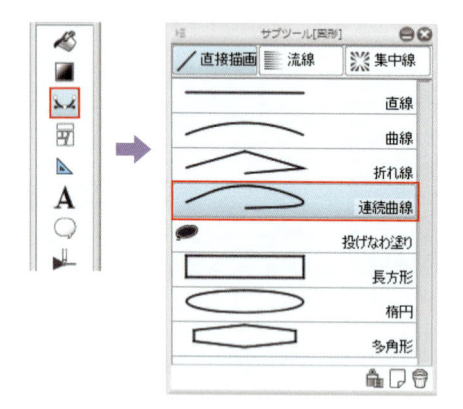

3 [ツールプロパティ] パレットで [曲線] を [3次ベジェ] にします。

4 始点をクリックします。

クリックします

5 曲線の通過点になる箇所をクリックし、そのままドラッグして曲線の曲がり具合を調整します。これを繰り返して描画を進めます。

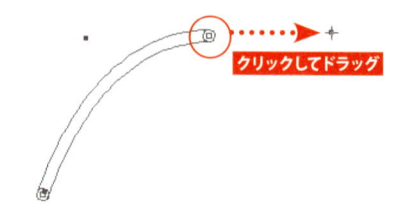

クリックしてドラッグ

Point 2点目以降、描画の途中で失敗したときは、**Delete** キーで作業を一段階戻すことができます。

6 ダブルクリックすると、曲線が確定されます。

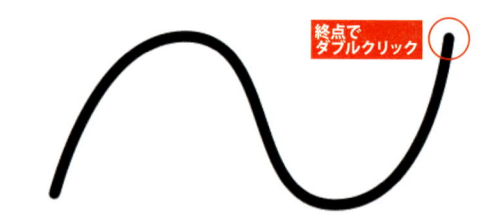

終点で
ダブルクリック

Point 始点まで戻って線を閉じることもできます。

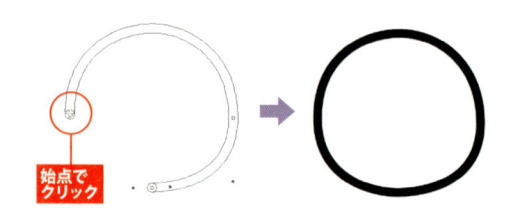

始点で
クリック

後から曲線を編集

[**オブジェクト**] サブツールで選択すると、制御点やアンカーポイントの位置を変更できます。

3次ベジェの場合は、制御点から伸びているアンカーポイントをドラッグして調整します。

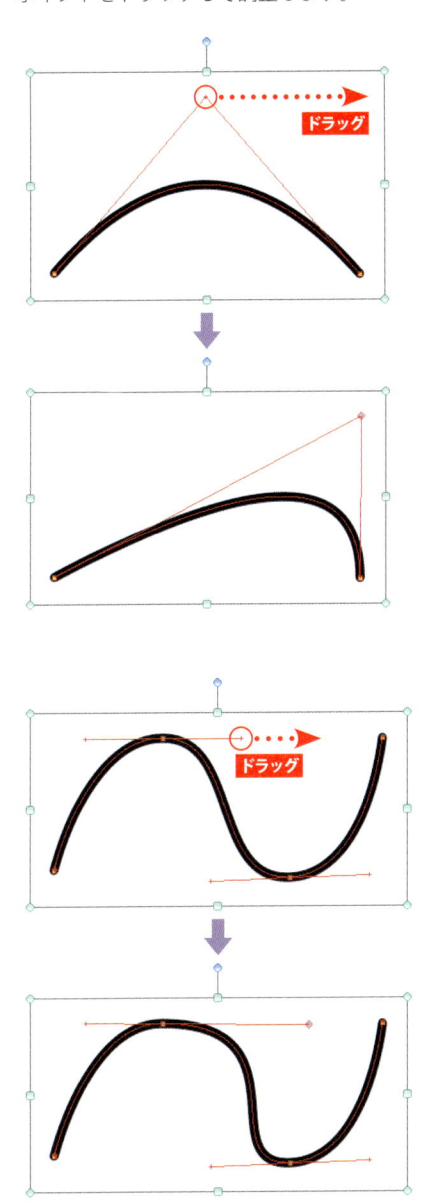

TIPS **3次ベジェ曲線**

Adobe Illustratorなどのグラフィックソフトでベジェ曲線に慣れているユーザーは、[**ツールプロパティ**] パレットで [**3次ベジェ**] を選択するとよいでしょう。

Level 2

ショートカットを覚えておくと、作業が大幅に効率化できます。よく使う操作にオリジナルのショートカットを割り当てたり、すでにあるショートカットを押しやすいキーに変更したりしてみましょう。

●**ショートカット設定の例**

ここでは、［線の色を描画色に変更］にショートカットを割り当ててみます。

1 ［ファイル］メニュー（macOSでは［CLIP STUDIO PAINT］メニュー）➡［ショートカット設定］（ Ctrl ＋ Shift ＋ Alt ＋ K ）を選択して、［ショートカット設定］ダイアログボックスを開きます。

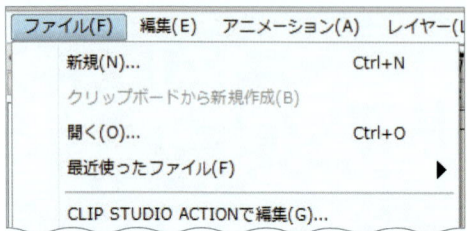

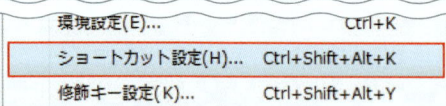

2 ［設定領域］で［メインメニュー］を選択して、下のエリアで［編集］メニュー ➡［線の色を描画色に変更］を選択します。

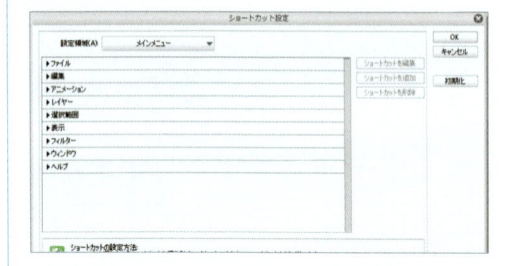

3 ［ショートカットを編集］をクリックします。

4 ショートカットにするキーを押してみましょう。「 Ctrl ＋●」「 Alt ＋▲」のように、 Ctrl や Alt 、 Shift などの修飾キーとアルファベットなどの一般キーを組み合わせるのがよくある形です。
しかし、すでに割り当てられているキーの組み合わせの場合には、アラートが表示されます。

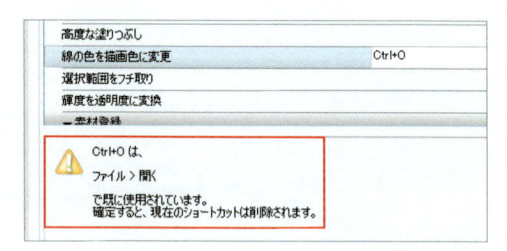

すでに他の操作にショートカットが割り当てられているキーで確定すると、それまでのショートカットは削除されます。

5 ここでは、「 Ctrl ＋ J 」にしてみました。［OK］ボタンをクリックすると、ショートカットが使えるようになります。

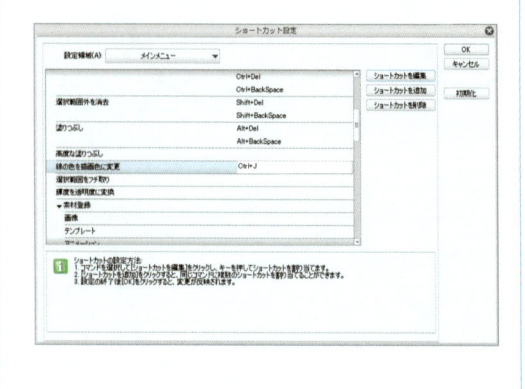

Level
3

彩色のテクニック

3-01 下塗りからはみ出さずに塗る

すでに塗った下地の色からはみ出さないで塗り重ねることができます。彩色作業では必須のテクニックです。

◆ 下塗り

アニメっぽく彩色するときなどは、パーツごとにべた塗りして「**下塗り**」とし、その上から影や照り返しなどを塗り重ねます。

線画

下塗り

塗り重ねて完成

◆ 下のレイヤーでクリッピング

[**下のレイヤーでクリッピング**] は、下にあるレイヤーの描画部分（不透明部分）から、はみ出さないで描画を加えられます。

　クリッピングとは、画像の一部を隠し、表示する部分を限定する機能です。

1 イラストの下塗りした部分に影を塗ります。

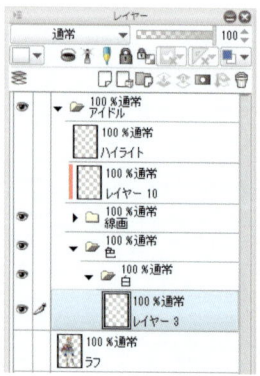

2 新規ラスターレイヤーを作成して、「影」と名前をつけました。

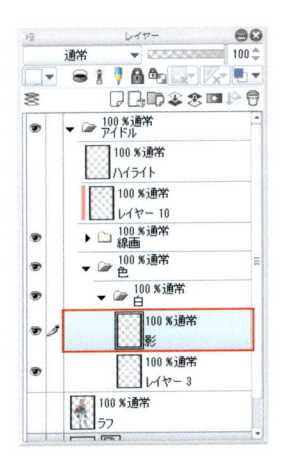

3 [レイヤー] パレットで [下のレイヤーでクリッピング] をクリックします。

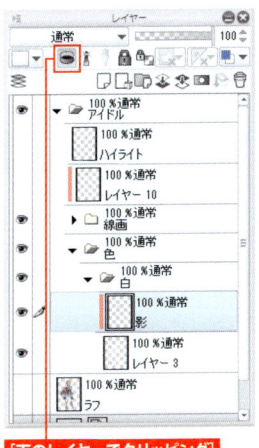

[下のレイヤーでクリッピング]

4 「影」レイヤーに影を塗ると、下塗りからはみ出さずに塗ることができます。

TIPS 隠されている描画部分

再度 [下のレイヤーでクリッピング] をクリックすると、クリッピングが解除されます。
試しに解除してみると、実際には塗った部分が下塗りから大きくはみ出しているのがわかります。

再びクリックして解除

Level 3

線画や塗りの色を変える

3-02

描画部分の色を塗り替える方法を解説します。線の色やべた塗りした色を変更するのに便利です。

◆ 線の色を描画色に変更

レイヤーの描画部分（不透明部分）に、瞬時に色をつけることができます。

1 ［レイヤー］パレットで線画を選択します。

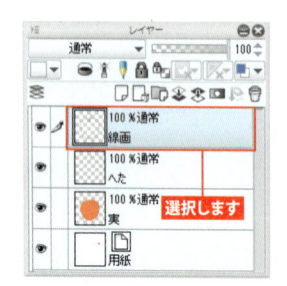

選択します

2 描画色を決めます。ここでは、R=73、G=101、B＝173にしました。

設定します

■ 73 ■ 101 ■ 173

3 ［編集］メニュー ➡ ［線の色を描画色に変更］を選択します。

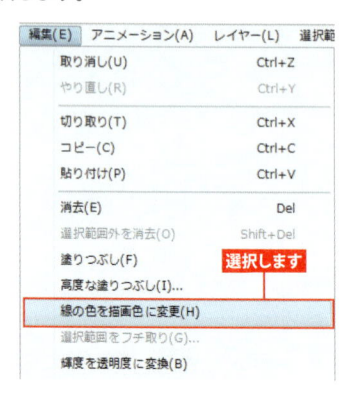

選択します

4 線画の色が変わりました。

塗りの色を変更

1 色を変更したい着色したレイヤーを選択します。

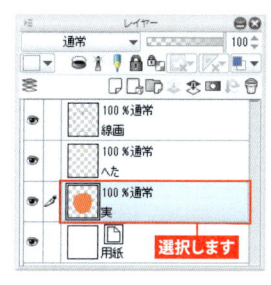

2 描画色を決めます。ここではR=226、G=234、B＝106にしました。

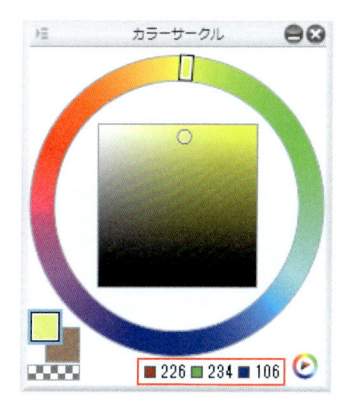

3 ［編集］メニュー ➡［線の色を描画色に変更］を選択します。

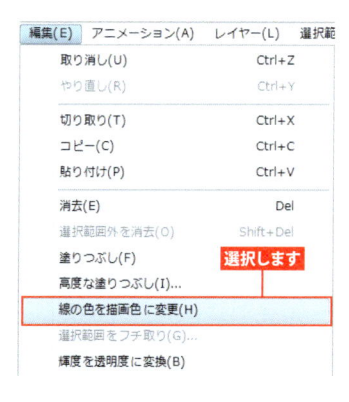

4 りんごの色が変わりました。

◆ 透明ピクセルをロック

［**透明ピクセルをロック**］は、レイヤーの描画部分（不透明部分）以外の透明の部分にロックをかけて、編集できないようにする機能です。これを利用して、線の色などを変更できます。

1 ［レイヤー］パレットで変更を加えたい線画のレイヤーを選択し、［透明ピクセルをロック］📎をオンにします。ここでは、ほおの赤みの線画の一部を変えてみます。

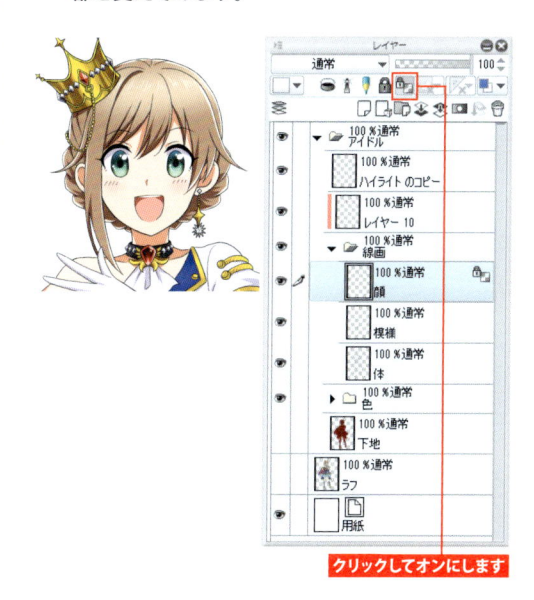

2 ここで、[ペン] ツール ➡ [Gペン] を選択します。濃淡が出ないツールなら、[ペン] ツールを使います。

逆に濃淡を出したい場合は、[エアブラシ] ツール ➡ [柔らか] や [鉛筆] ツール ➡ [薄い鉛筆] などがよいでしょう。

3 描画色を赤系統の色に変更します（R：255、G：92、B：79）。

4 線画をなぞるように描画します。

5 ほおの線画が赤くなりました。

3-03 キャラクターに下地を作る

キャラクターの形で下地を作っておくと、背景の色が透過されるのを防いだりと、さまざまな場面で役立つことがあります。

◆ 背景の透過を防ぐ

描画部分の不透明度によっては、背景の色が透過されてしまう場合があります。このようなときは、下地を作ると解決できます。

下地なし　　　　　下地あり

◆ 下地の作り方

1 線画の状態から下地を作ってみます。

2 キャラクターの形で選択範囲を作成します。
まずは［自動選択］ツール ➡ ［他レイヤーを参照選択］を選びます。

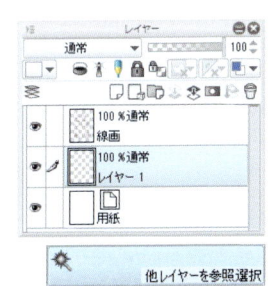

3 キャラクターの外側をクリックします。

クリックします

Level 3

TIPS 隙間閉じ

［他レイヤーを参照選択］の［隙間閉じ］がオンの状態であれば、少しのすき間は、閉じたものとして選択できます。
もし、［隙間閉じ］の効果が及ばないような大きなすき間は、新規レイヤーを作成して［ペン］などですき間を埋めてから、［他レイヤーを参照選択］で自動選択するとよいでしょう。

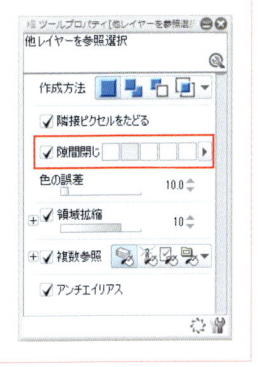

4 [選択範囲] メニュー ➡ [選択範囲を反転]（Ctrl ＋ Shift ＋ I）を選択します。

選択します

5 描画色を白に設定すると、下地の色になります。

6 [編集] メニュー ➡ [塗りつぶし]（Alt ＋ Delete キー）で塗りつぶして、下地ができました。

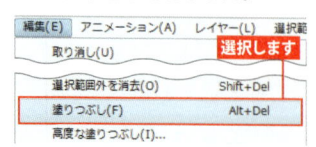

選択します

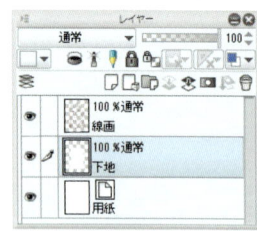

TIPS 下地にクリッピング

作成した下地のレイヤーに対して、塗りのレイヤーをまとめたレイヤーフォルダーを [下のレイヤーでクリッピング] すると、はみ出し防止になって便利です。

TIPS 塗り残しを見つける

下地を濃い色にすると、塗り残しを見つけやすくなります。

3-04 キャラクターにフチをつける

キャラクターに下地を作っている場合は、とても簡単にフチをつけることができます。

◆ 下地にフチをつける

「3-03 キャラクターに下地を作る」（123 ページ参照）で解説した方法で下地を作成したら、[**レイヤープロパティ**] の設定でフチをつけます。

1 キャラクターにフチをつけます。まずは下地のレイヤーを選択します。

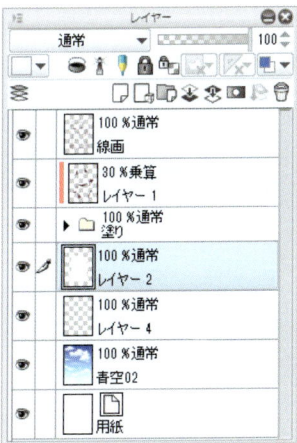

2 [レイヤープロパティ] で [境界効果] をクリックしてオンにします。表示される設定では、[フチ] を選択します。

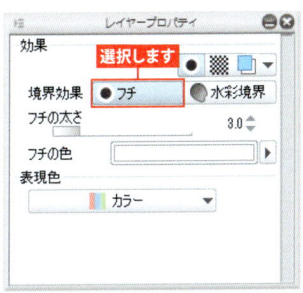

3 [フチの太さ] で太さ、[フチの色] から色を編集できます。

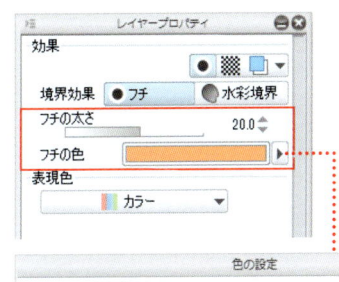
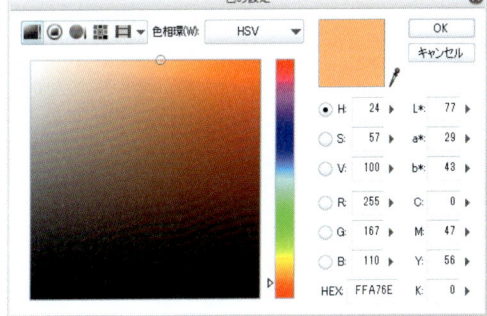

4 キャラクターにフチがつきました。

TIPS 境界効果で作るフチ付きの図形

描画色を白にして、[**フチの色**] に彩度の高い色を使うと、簡単にフチ付きの図形を描くことができます。
ここでは、3〜4センチ（350dpi）の図形の例で紹介します。

1 使用するツールは [ミリペン] です。ブラシサイズは [30] に設定しています。

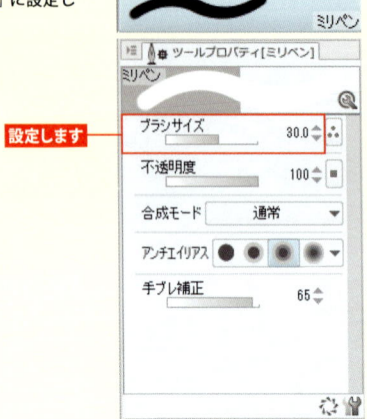

2 [レイヤープロパティ] で [境界効果] をオンにして、[フチの太さ] を [15]、[フチの色] をピンクに設定しました。

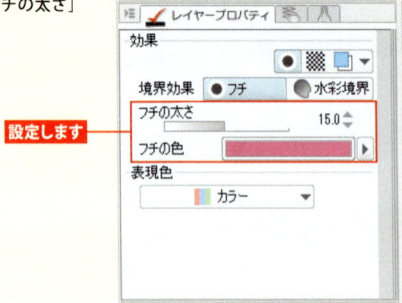

3 星の形を描画してみると、ストロークに自動でフチがつきます。

3-05 水彩絵の具の「たまり」を表現する

ここでは、[水彩境界]という機能について解説します。ブラシツールで設定する場合と、レイヤーに設定する場合があります。

◆ 水彩境界

　水を含んだ水彩絵の具で塗ったときに、ストロークの端のほうが濃くなることがあります。これをデジタル上で再現する機能が、[水彩境界]です。

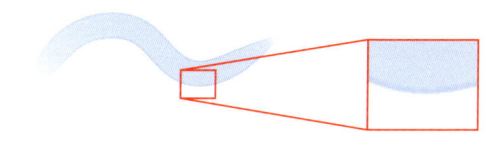

　[筆]ツール ➡ [水彩]グループ ➡ [水多め]サブツールには、[水彩境界]が設定されています。

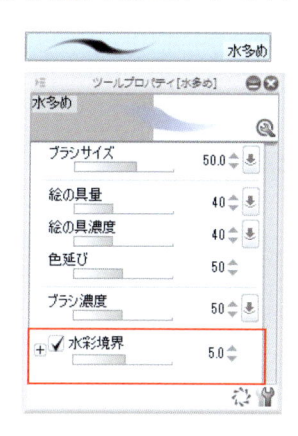

ツールに設定する

　初期設定で[水彩境界]が設定されていないブラシツールも、[サブツール詳細]パレットで設定することができます。

　[サブツール詳細]パレット ➡ [水彩境界]カテゴリにある[水彩境界]にチェックを入れると、[水彩境界]がオンになります。

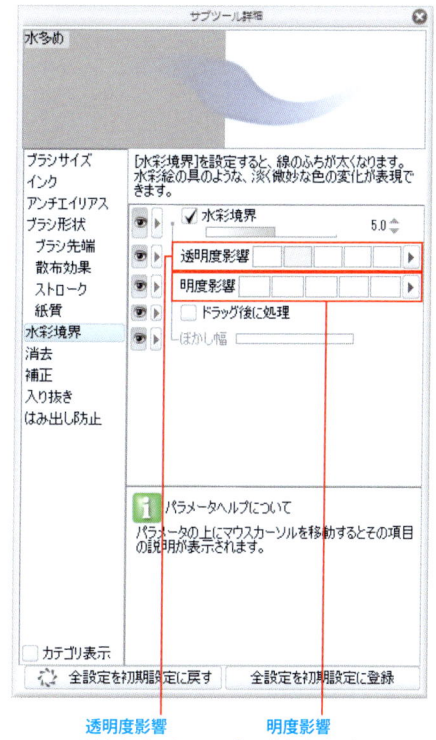

透明度影響
値を上げるとフチのあたりが濃くなります。

明度影響
値を上げるとフチのあたりが暗くなります。

Level 3

◆ レイヤープロパティの境界効果

[**レイヤープロパティ**] パレットの [**境界効果**] をオンにして [**水彩境界**] を選択すると、レイヤーの描画部分に水彩境界が作られます。

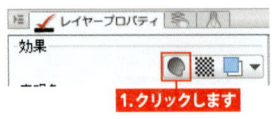

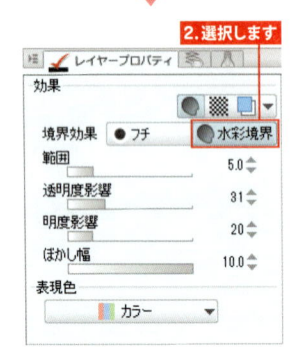

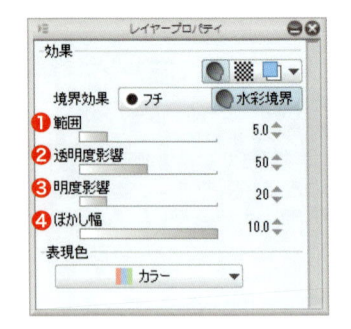

❶範囲

フチを濃くする範囲を設定します。

❷透明度影響

値を上げると、フチのあたりが濃くなります。

❸明度影響

値を上げると、フチのあたりが暗くなります。

❹ぼかし幅

値が大きいほど、フチのあたりがぼけます。

 下地となじませる❶ アニメ塗りに一手間

くっきりした影の一部を消して、下地となじませる方法を解説します。

◆ 影をなじませる

アニメ塗りは、べた塗りを基本として影などを付けていく画法ですが、影を下地になじませたり、グラデーションを入れたりして、見た目を変える方法があります。

1 影をべた塗りで塗っているイラストに一手間加えてみます。影をべた塗りします。

2 影は独立したレイヤーに描画されており、下塗りにクリッピングしています。不透明度を下げて色を調整します。

3 [エアブラシ] ツール ➡ [柔らか] を選択します。

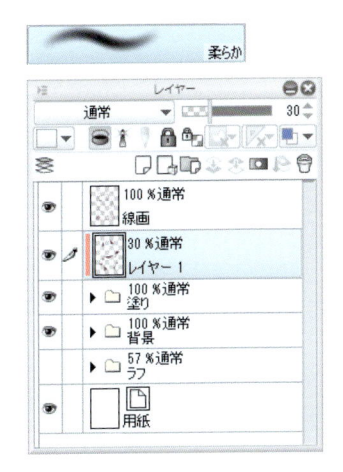

4 [透明色] を選択します。

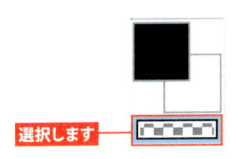

選択します

5 ［レイヤー］パレットで影のレイヤーを選択し、影の上で［柔らか］を使います。影の一部が消えて、下地になじみます。

柔らか

6 べた塗りだった影が、部分的にグラデーション状になりました。

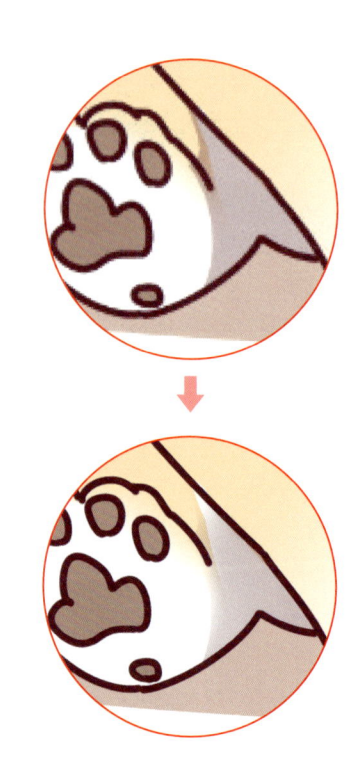

3-07 下地となじませる❷ 水彩風に

水彩風ににじませながら色をなじませたり、筆の感じを出したりする方法を解説します。

◆ [にじみ縁水彩] でなじませる

　同一レイヤー上で色の境界を [にじみ縁水彩] でなじませると、水彩風のにじんだ表現になります。

1 同一レイヤーに2つの色が描画されているイラストがあります。この色の境界をなじませます。

2 [筆] ツール ➡ [水彩] グループ ➡ [にじみ縁水彩] を選択します。

3 [スポイト] ツールで色を拾って描画色に設定します。ここでは、黄色にしています。

4 色の境界のあたりでペンを動かして、混ぜていくようになじませます。

◆ [色混ぜ] ツールを使う

下地の上に塗り重ねた色を、[色混ぜ] ツール ➡ [繊維にじみ] などを選択してなじませることで、水彩風の描画になります。

繊維にじみ

1 同一レイヤーにある色の境界をなじませます。

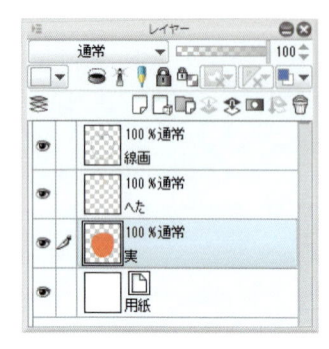

2 [色混ぜ] ツール ➡ [繊維にじみ] を選択します。

> **Point** [繊維にじみ] は、紙の繊維に絵の具がにじんだような効果を出せる [色混ぜ] ツールです。

3 色の境界あたりでペンを動かして、色をなじませます。

水彩なじませ

[色混ぜ] ツール ➡ [水彩なじませ] を選択すると、筆跡を出しながら、なじませることができます。

> **TIPS** 最新版では [水彩] グループに移動
>
> 2019年12月時点のバージョンでは、[色混ぜ] ツールの [水彩なじませ] と [繊維にじみ] は [水彩] グループに移動しています。[繊維にじみ] は [水彩] グループに移動した際に、[繊維にじみなじませ] という名称になります。
> また、従来のバージョンからアップデートされた場合は、従来通り [色混ぜ] ツールから利用できます。

3-08 下地となじませる③ 厚塗り

厚塗りの場合には、下地に濃い色を敷いて、明るい色を上に乗せるのがセオリーです。

◆ 厚塗りの例

1 この図のような下塗りに色を重ねていきます。

2 油絵風の描画は［筆］ツールにある［油彩］グループのサブツールが適しています。ここでは、筆跡が出やすい［油彩平筆］を使います。筆跡がところどころに見えると、絵に雰囲気が出ます。

油彩平筆

3 明るい色を塗ります。光が斜め上から当たっていることを想定して、左上から塗っていきました。筆圧によって、塗りの濃さをコントロールできます。弱い筆圧で塗ったところは、下地の色がうっすらと出ます。

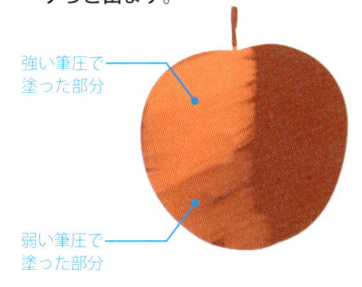

強い筆圧で
塗った部分

弱い筆圧で
塗った部分

4 色の境界あたりや弱い筆圧で塗ったところは、下地の色と混ざった中間の色になっています。この部分を［スポイト］ツールでクリックして、描画色に指定します。

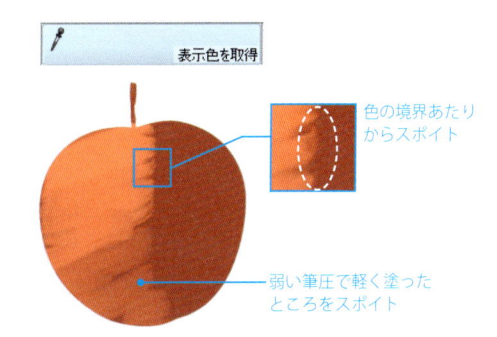

表示色を取得

色の境界あたり
からスポイト

弱い筆圧で軽く塗った
ところをスポイト

5 中間の色で塗り重ねます。［スポイト］ツールで中間の色をとる→塗る…の手順で、グラデーションを作っていきます。

Level 3

6 なめらかな塗りにしたいところは、[色混ぜ] ツールを使います。

[色混ぜ] ツール ➡ [色混ぜ]

色混ぜ

7 筆の跡を出したいときは [油彩平筆] で塗り、色の境界が気になったら [色混ぜ] で混ぜる…、を繰り返して仕上げます。

TIPS **厚塗り**

厚塗りに使うツールは、[油彩] に限りません。イラストレーターによっては、[ペン] や [鉛筆] ツールを用いて厚塗りのイラストを描く方もいるようです。

厚塗りに限らず、彩色に使うブラシツールにルールはあってないようなものなので、さまざまなツールを試して自分に合った描き方を見つけるとよいでしょう。

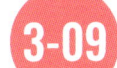

合成モード

3-09

合成モードとはレイヤー同士の色を合成する機能です。さまざまな色の合成方法があるので、覚えておくとよいでしょう。

◆ 合成モードの設定

合成モードは [**レイヤー**] パレットで設定します。

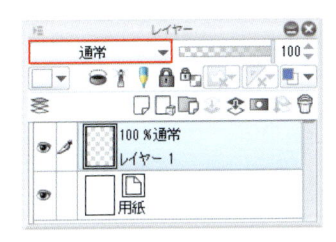

TIPS ブラシの合成モード

ブラシツールによっては、[**サインペン**] のように合成モードが設定されているものがあります。

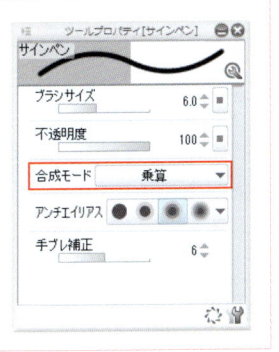

◆ 合成モード一覧

　下記のレイヤーを合成します。それぞれの合成モードの結果を、次ページ以降で確認しましょう。

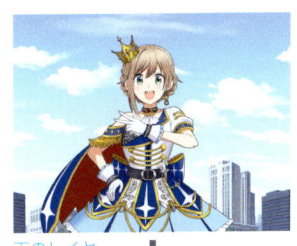

下のレイヤー

＋

合成モードを設定するレイヤー

通常

合成モードを設定していない状態です。

Level 3

比較（暗）

　設定レイヤーと下のレイヤーの色を比較して、暗い方の色を表示します。

乗算

RGB 値を乗算合成します。元の色より暗くなります。

焼き込みカラー

　色を暗くし、コントラストが強くなります。明るい色ほど効果が薄く、白の部分は下のレイヤーの色がそのまま表示されます。

焼き込み（リニア）

　色を暗くします。明るい色ほど効果が薄く、白の部分は下のレイヤーの色がそのまま表示されます。

減算

　RGB 値を減算合成します。RGB 値は低いほど黒に近づくため元の色より暗くなることがほとんどです。合成モードを設定したレイヤーの色が黒（R=0、G=0、B=0）の部分は、下のレイヤーの色がそのまま出ます。

比較（明）

　設定レイヤーと下のレイヤーの色を比較して、明るい方の色を表示します。

スクリーン

色を明るく合成します。

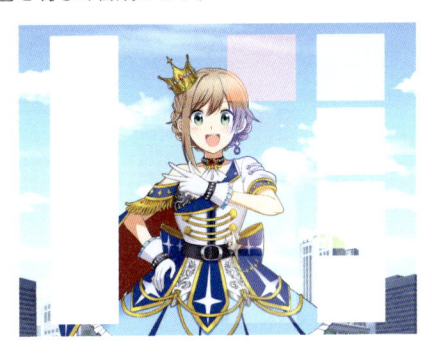

加算（発光）

RGB 値を加算合成して色を明るくします。不透明度が低い部分は、[加算] より明るく合成されます。

覆い焼きカラー

色を明るく、コントラストは弱く合成します。

覆い焼き（発光）

色を明るく合成します。不透明度が低い部分は、[覆い焼きカラー] より明るく合成されます。

加算

RGB 値を加算合成して色を明るくします。

オーバーレイ

暗い部分は [乗算] のように、明るい部分は [スクリーン] のように合成されます。

ソフトライト

暗い色をより暗く、明るい色をより明るくします。[オーバーレイ] よりコントラストは弱くなります。

ハードライト

暗い色をより暗く、明るい色をより明るくします。[オーバーレイ] よりコントラストは強くなります。

差の絶対値

両レイヤーの色を減算したときの絶対値になります。白を重ねると色を反転したようになり、黒を重ねたときは色が変化しません。

ビビットライト

設定レイヤーの色によって、コントラストを強くしたり弱くしたりします。

リニアライト

設定レイヤーの色によって、明るくしたり暗くしたりします。

ピンライト

設定レイヤーの色に応じて、画像の色を置換して合成します。

ハードミックス

合成後に、各 RGB 値が 255 か 0 になります。

除外

[**差の絶対値**] に近い効果ですが、それよりコントラストは弱く合成されます。

カラー比較（暗）

　輝度（色が持つ輝きの度合い）を比較し、値が低い方を表示します。

カラー比較（明）

輝度を比較し、値が高い方を表示します。

除算

　下のレイヤーの RGB 値それぞれに 255 を掛け、設定レイヤーの RGB 値で割ります。

色相

　下のレイヤーの輝度と彩度はそのままで、色相は設定レイヤーを採用して合成します。

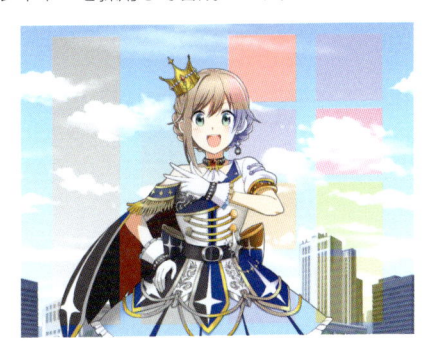

彩度

下のレイヤーの色相と輝度はそのままで、彩度は設定レイヤーを採用して合成します。

カラー

下のレイヤーの輝度はそのままで、色相と彩度は設定レイヤーを採用して合成します。

輝度

下のレイヤーの色相と彩度はそのままで、輝度は設定レイヤーを採用して合成します。

通過

レイヤーフォルダーでは、[**通過**]を選択できます。
[**通過**]にすると、レイヤーフォルダー内のレイヤーの合成モードの効果や色調補正レイヤーの影響が、レイヤーフォルダー外にある下のレイヤーにも適用されます。

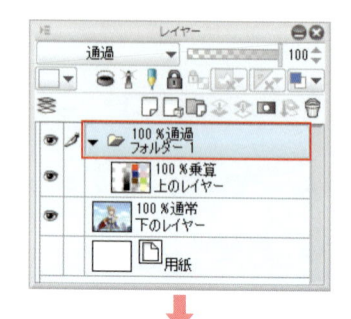

3-10 影を塗る

くすまない影の色の作り方や、合成モード［乗算］を使った影の描き方を解説します。

◆ 影色の作り方

影の色はベースの色を基準に作ります。

単純に明度を下げれば影らしくなりますが、くすんで見えて鮮やかな仕上がりになりません。そこで、明度をあまり下げない影色の作り方を解説します。特に肌色は、絵柄にもよりますが、彩度を上げた影だと発色のよい肌になります。

1 ベースの色を［スポイト］ツールでクリックして、描画色にします。

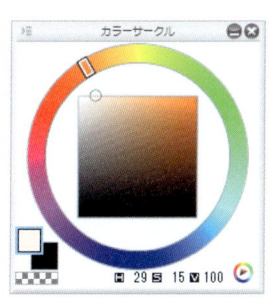

2 ［カラーサークル］パレットで、色相を青色のあるほうへ動かします。アニメの彩色では、影をグレーでなく青色を混ぜた色で塗ることがあります。こちらも、そのようなイメージです。

3 ［カラーサークル］パレットで彩度を上げます。明度は少し下げます。

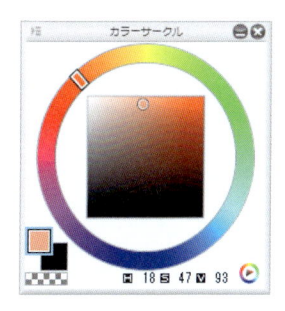

4 作成した影色で影を塗ります。

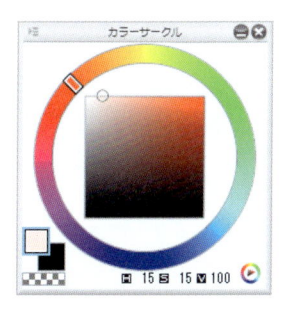

◆ 乗算の影

[乗算] モードにしたレイヤーにグレーを塗るだけ
で、簡単に影を作ることができます。

1 グレーで塗ります。ここでは [油彩] を使いまし
たが、[ペン] ツールでも問題ありません（[ペン]
だとくっきりとした塗りになります）。

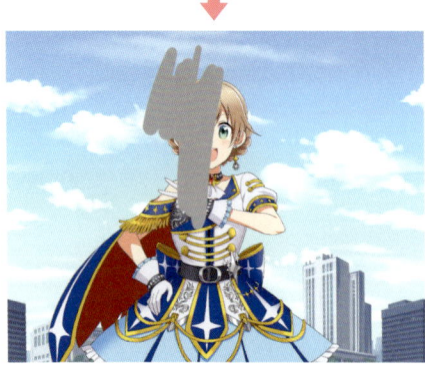

2 [下のレイヤーでクリッピング] して、キャラク
ター外の範囲は非表示にします。

3 合成モードを [乗算] にします。大きな影がキャ
ラクター全体に落ち、手前に何か日を遮る大きな
ものがあるような感じになりました。

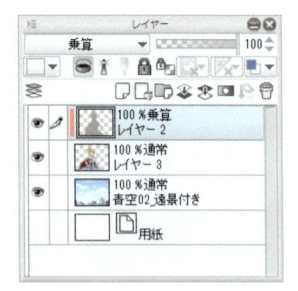

3-11 スクリーンで空気感を出す

グラデーションと合成モード［スクリーン］により、画面に統一感と空気感を演出します。［スクリーン］は、色調に変化を出しながら、光を表現するときに使えます。

1 ［レイヤー］パレットでイラストの上に配置されるように、新規ラスターレイヤーを作成します。

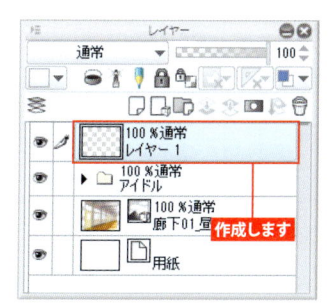

2 ［グラデーション］ツールの［描画色から透明色］を選択します。

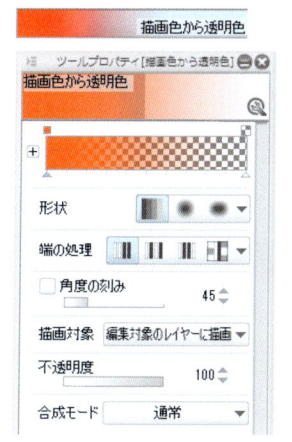

3 描画色を青（R=38、G=165、B=255）にします。

※色の選択は青系であればお好みの色で大丈夫です。

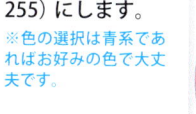

4 Shift キーを押しながら上から下へドラッグし、グラデーションを描画します。

ドラッグします

試しに下のイラストをすべて非表示にすると、このようなグラデーションになっています。

Level 3

5 合成モードを「スクリーン」にすると、太陽光が作ったような自然な光が上のほうにできました。

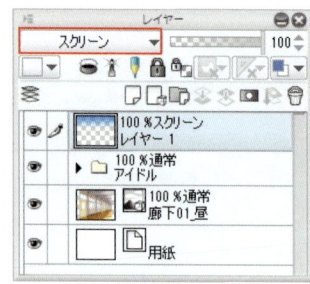

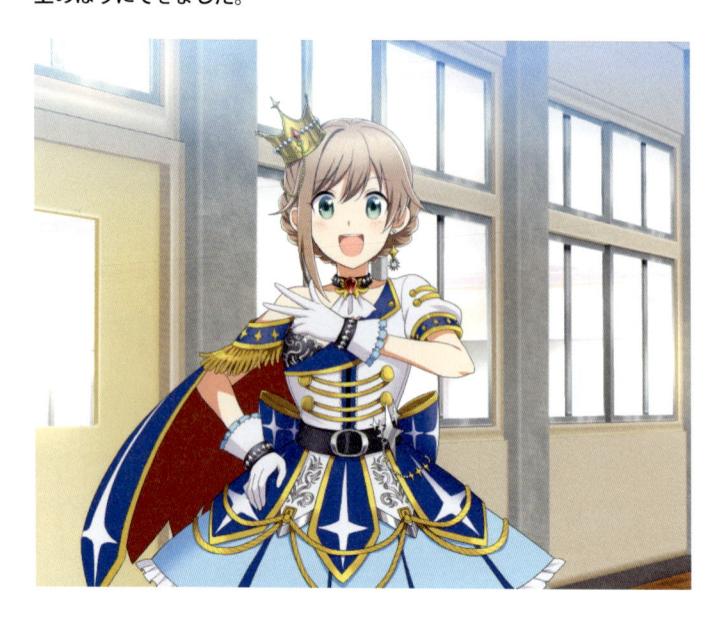

6 効果が強すぎる場合は、レイヤーの不透明度を調整します。

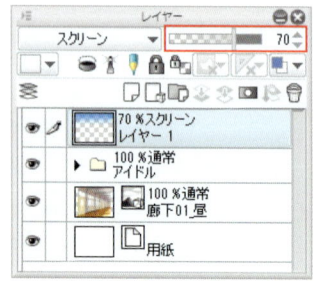

3-12 合成モードで色調を変える

合成モードを設定した［べた塗り］レイヤーで色調に変化を加えてみましょう。

◆ オーバーレイ

1 背景が夕方のイラストに合わせて、キャラクターの色を調整します。

2 ［レイヤー］メニュー ➡ ［新規レイヤー］➡ ［べた塗り］を選択し、キャラクターのレイヤーの上に［べた塗り］レイヤーを作ります。

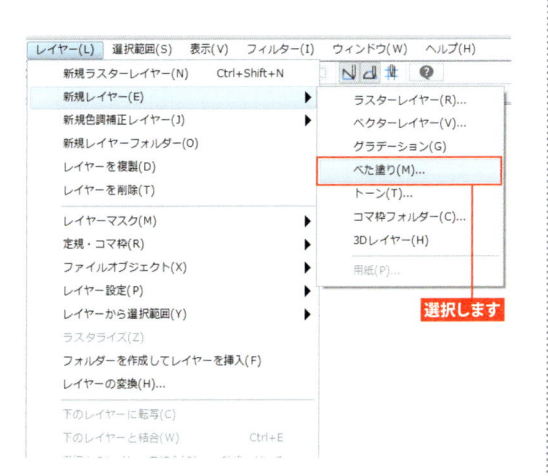

3 ［色の設定］ダイアログボックスでオレンジ色（R = 255、G = 150、B = 0）にして［OK］ボタンをクリックします。

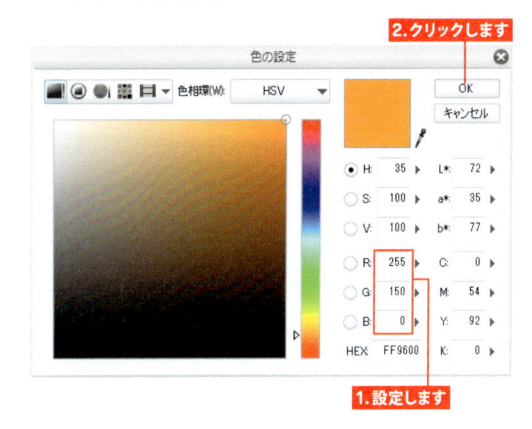

TIPS ［べた塗り］レイヤー

［べた塗り］レイヤーは、単色で塗りつぶされたレイヤーです。作成後も［レイヤー］パレットでアイコンをダブルクリックして、色を変更することができます。

Level 3

4 ［下のレイヤーでクリッピング］をオンにします。

5 合成モードを［オーバーレイ］にします。

6 ［不透明度］を変更し、効果の強さを調整して完成です。

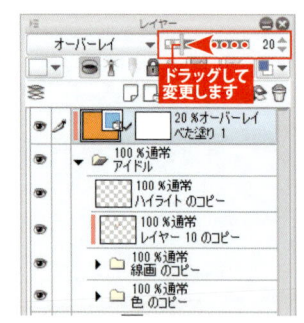

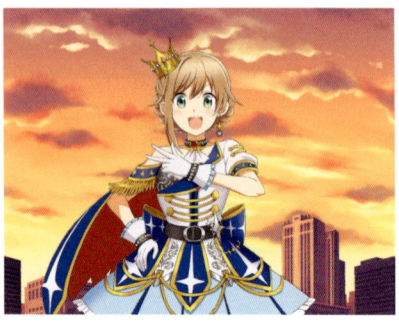

TIPS 焼き込み（リニア）

このとき［焼き込み（リニア）］を適用すると、少し暗めの色調になります。

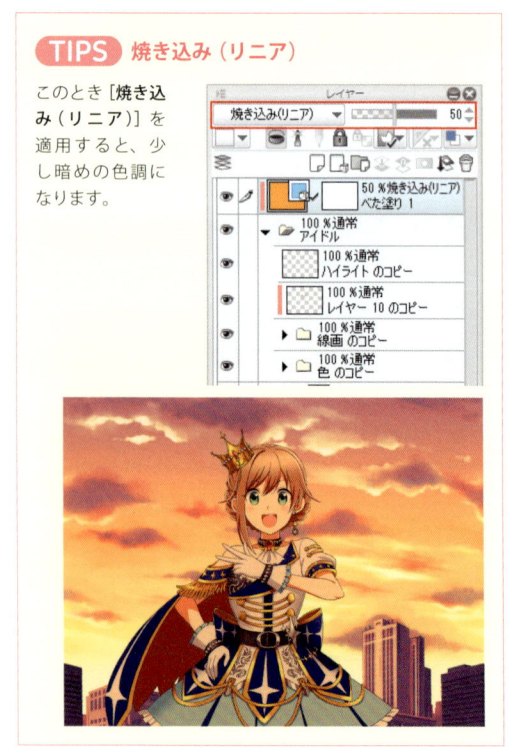

◆ セピア色にする

1 [レイヤー] パレットの一番上に、茶色（R=179、G = 139、B = 30）の [べた塗り] レイヤーを作成します。

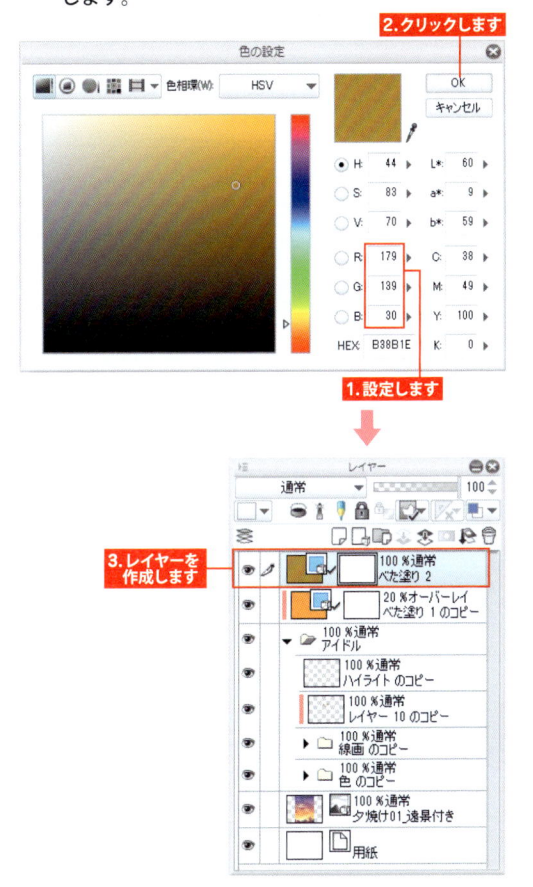

2 合成モードを [カラー] にすると、全体がセピア調になります。

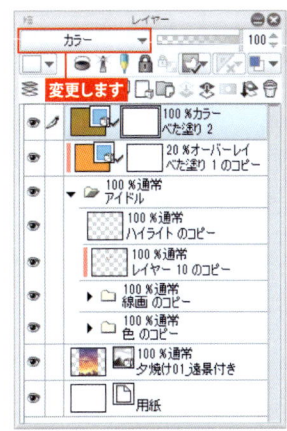

3-13 [加算]で光の効果を加える

輝くような効果を加えたいときは、[加算（発光）] などの合成モードが便利です。

◆ 照り返しの描画

宝石や瞳の照り返しなど、強く輝かせたい部分には **[加算]** や **[加算（発光）]** にしたレイヤーに色を入れてみましょう。ここでは、金色の宝飾品の部分に強い照り返しを入れてみます。

1 下塗りの色を［スポイト］ツールでとり、描画色とします。

2 新規ラスターレイヤーを作成し、合成モードを [加算（発光）] にします。

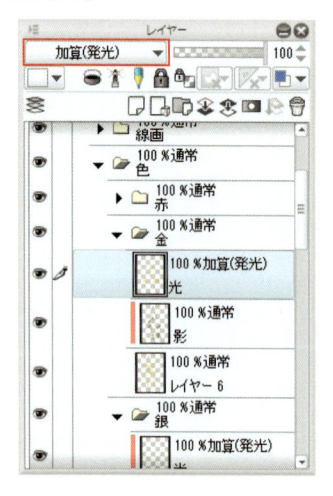

3 ［下のレイヤーでクリッピング］を設定します。

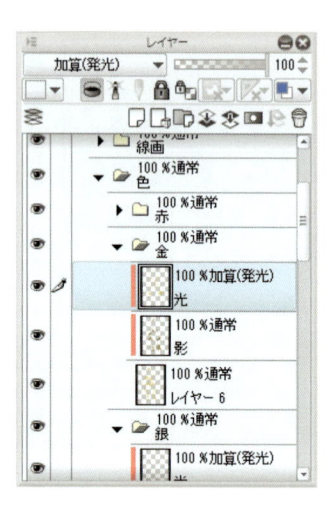

4 ［エアブラシ］ツール ➡ ［柔らか］を選択して、ポンポンポン…と点を打つように描画してぼんやりとした光を作ります。クッキリした照り返しは、［Gペン］で描画しています。

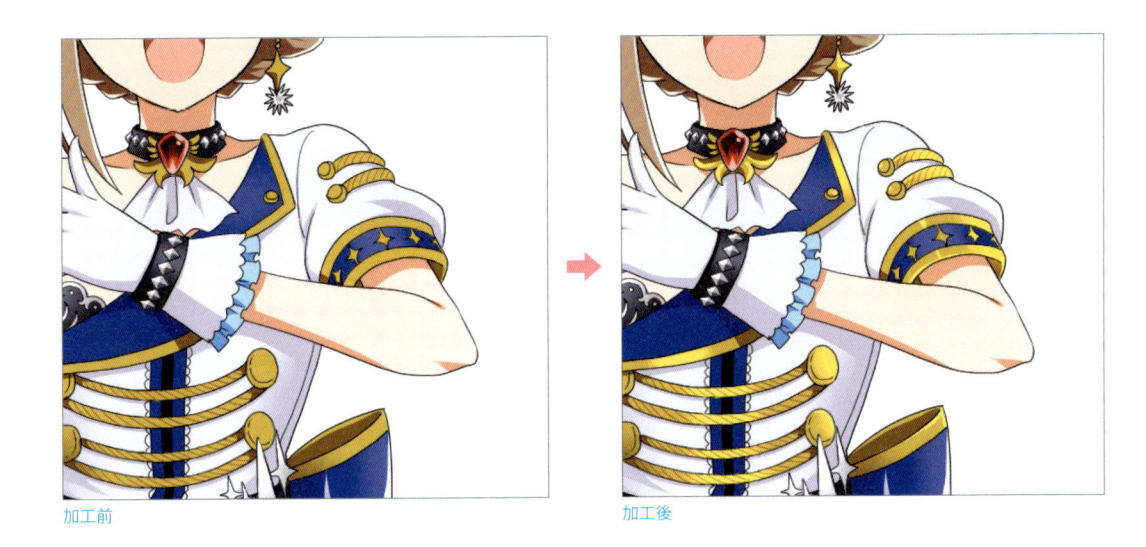

加工前　　　　　　　　　　加工後

5 仮に合成モードを［通常］にして［下のレイヤーでクリッピング］をオフにすると、実際の描画部分は、このようになっています。

 **3-14** # グロー効果

[ぼかし] フィルターと合成モードの設定で輝くような効果を加えることができます。

1 人物のレイヤー以外を非表示にします。

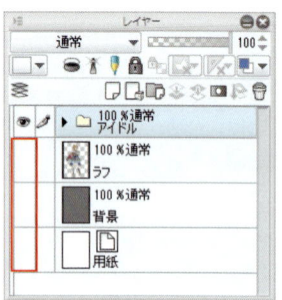 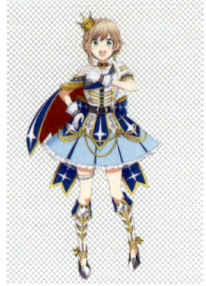

2 [レイヤー] メニュー ➡ [表示レイヤーのコピーを結合] を選択します。

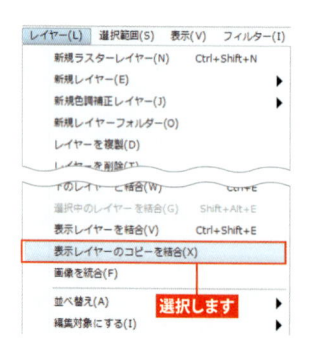

3 人物のレイヤーをすべて結合したレイヤーが作成されます。レイヤー名を「グロー」に変更します。

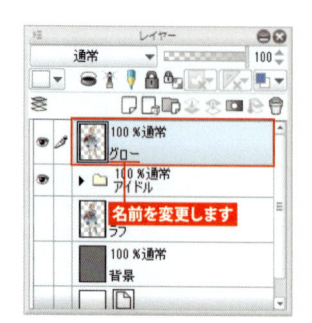

4 「グロー」レイヤーを編集レイヤーにした状態で、[フィルター] メニュー ➡ [ぼかし] ➡ [ガウスぼかし] を実行します。

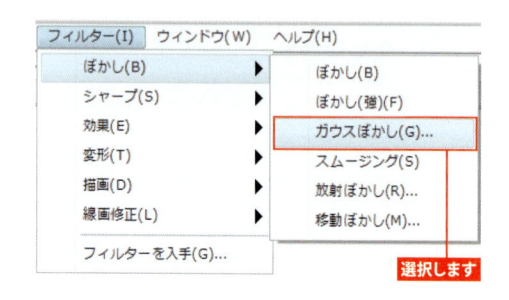

5 [ガウスぼかし] ダイアログボックスで [ぼかす範囲] を [**35.0**] とします。

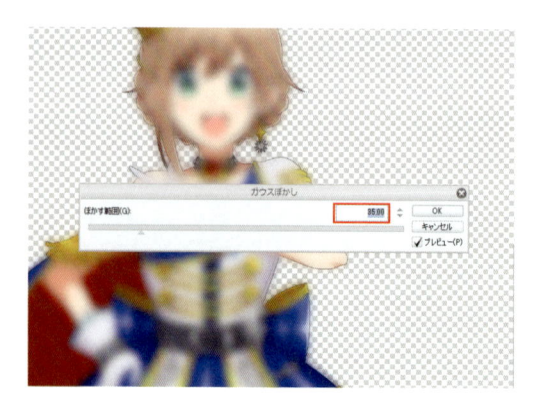

Point [ぼかす範囲] の数値は好みで大丈夫ですが、あまり値が少ないとグロー効果が得にくくなります。

6 ［編集］メニュー ➡ ［色調補正］ ➡ ［レベル補正］
を選択します。［シャドウ入力］を右に、［ハイラ
イト入力］を左に動かします。

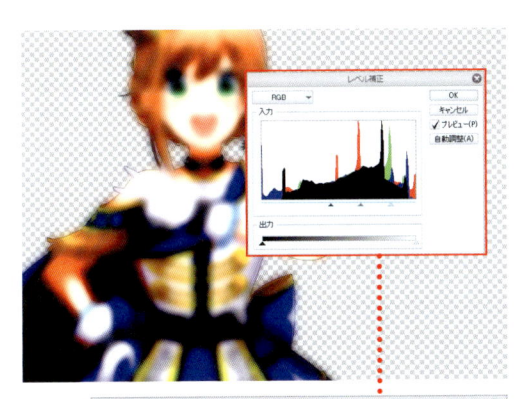

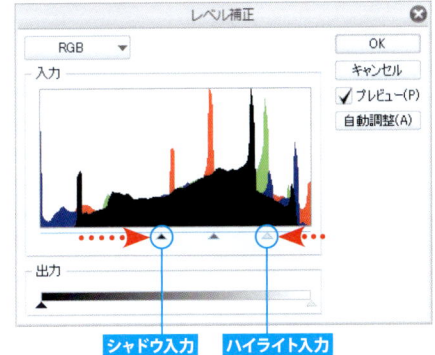

シャドウ入力　　ハイライト入力

7 「グロー」レイヤーの合成モードを［スクリーン］
に設定します。

設定します

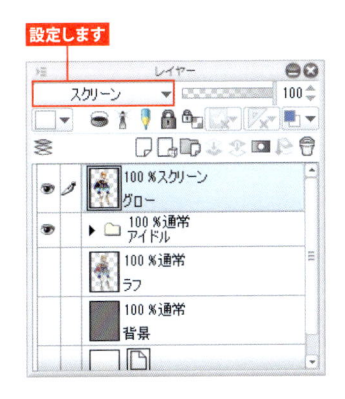

8 明るい色の部分とその周りが輝くような見た目に
なります。

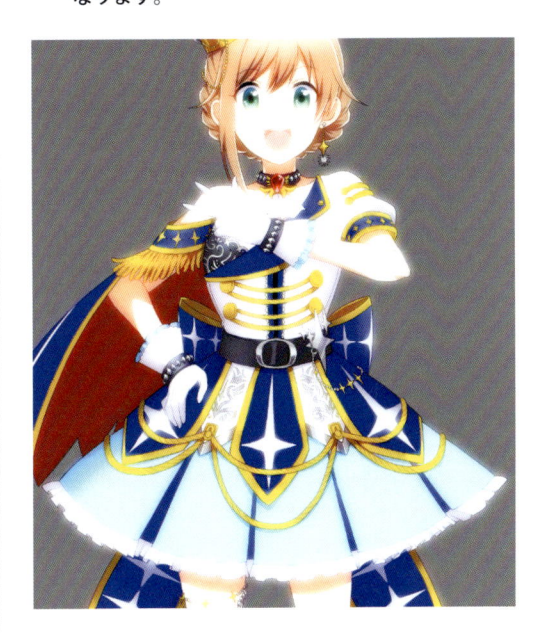

9 ［レイヤー］パレットで不透明度を変更して、効
果の度合いを調整します。ここでは、不透明度を
［**30**］としました。

設定します

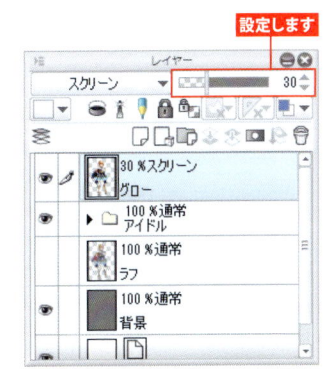

効果を加える前後で比べると、このように変わっています。

グロー効果加工前

グロー効果加工後

テクスチャで質感を加える

テクスチャ素材を重ねることで、画面全体に質感を加えることができます。

◆ 画面全体に質感を加える

1 ［素材］パレットのツリー表示から［単色パターン］ ➡ ［テクスチャ］を選択します。

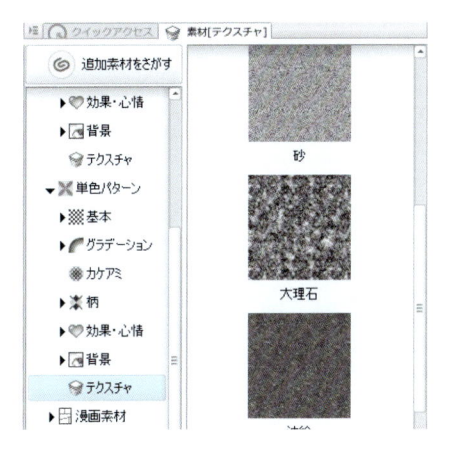

適用前の画像

2 素材一覧よりテクスチャを選択し、キャンバスにドラッグ＆ドロップで貼り付けます。ここでは、［油絵］を選択してみました。

ドラッグ＆ドロップします

Level 3

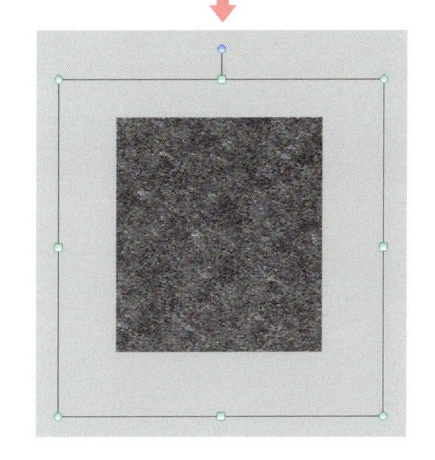

3 ［レイヤー］パレットでテクスチャのレイヤーを選択します。

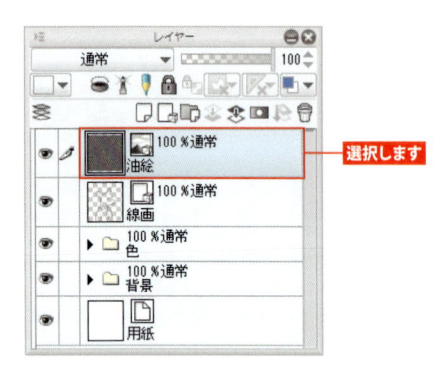

選択します

4 ［レイヤープロパティ］パレットで質感合成をオンにします。

クリックします

5 お好みで不透明度を変更して、質感の強さを調整します。

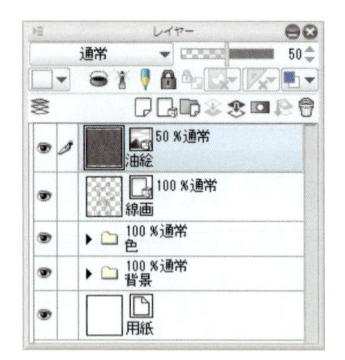

◆ ブラシに質感を加える

ブラシツールのサブツールでは、[**サブツール詳細**] パレットの[**紙質**]でテクスチャを設定して、ストロークに反映させることができます。

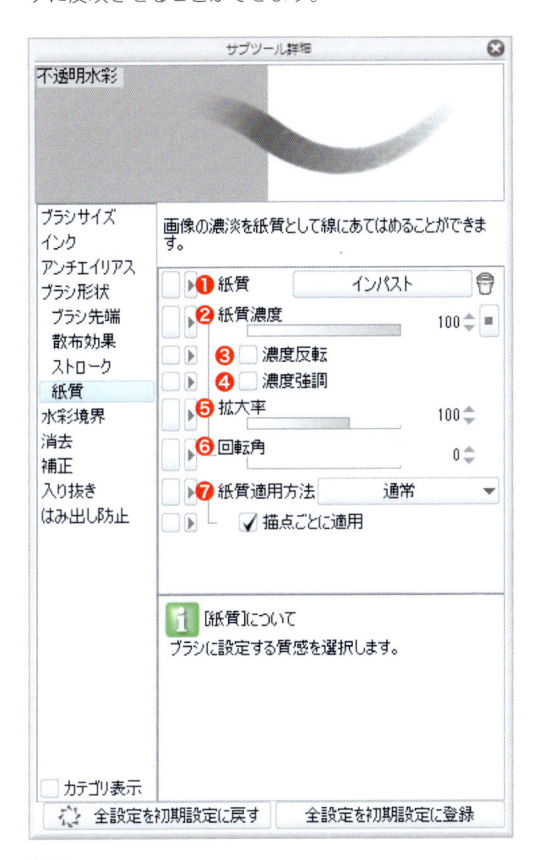

❶紙質

設定していないときは、[**なし**]と表示されます。ここをクリックするとダイアログボックスが表示され、テクスチャを選択できます。テクスチャを選択した後は、ゴミ箱のアイコンをクリックすると、[**なし**]に戻すことができます。

❷紙質濃度

テクスチャの効果の強さを変更できます。

❸濃度反転

オンにすると、テクスチャの模様を白黒反転します。

❹濃度強調

オンにすると、テクスチャの模様がハッキリと出るようになります。

❺拡大率

模様の大きさを変更します。

❻回転角

模様の角度を変更します。

❼紙質適用方法

テクスチャを描線に合成する方法を選択します。[**描点ごとに適用**]をオンにすると、ストロークの中でブラシパターンが重なる分だけテクスチャも重なって描画されます。オフにすると、ストローク全体に対してテクスチャが適用されます。

テクスチャブラシの例

描画部分の濃い部分より薄い部分のほうが、テクスチャの効果が出やすくなります。

さらに効果を強くしたい場合は、[**紙質濃度**]を上げるとよいでしょう。

不透明水彩
紙質：インパスト
紙質濃度：100

TIPS テクスチャをハッキリ見せる

[濃度強調]をオンにすると、筆圧に影響されずに、テクスチャの模様がハッキリと見えるようになります。

不透明水彩
紙質：インパスト
濃度強調：オン

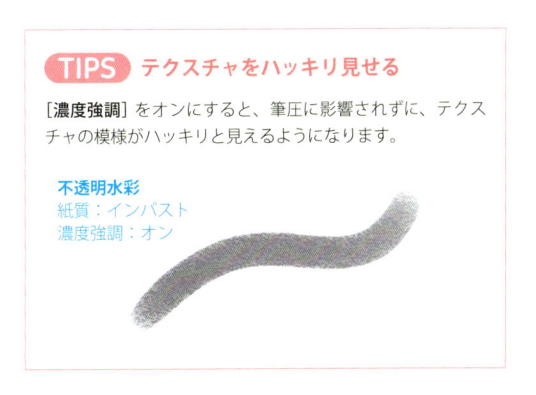

Level 3

155

特殊なレイヤーを編集する際、ラスターレイヤーに変換するラスタライズを行うことで、CLIP STUDIO PAINTの機能を十分に使える場合があります。

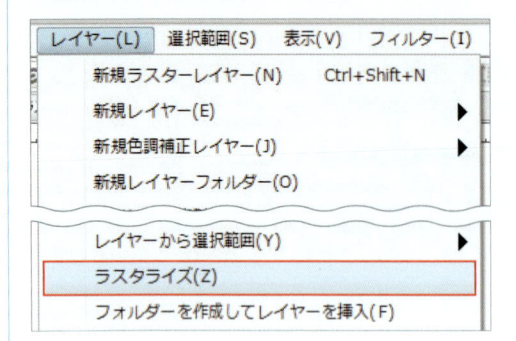

● ラスタライズのメリット

・自由に描画を加えられる

　画像素材レイヤーや3Dレイヤー、テキストレイヤーなどには、ブラシツールで描画を加えることはできません。これらは、ラスタライズすることで自由に描画できるようになります。

・フィルター機能が使える

　［フィルター］メニューから実行できるフィルター機能は、基本的にラスターレイヤーしか使えません。

・自由変形ができる

　［編集］メニュー ➡ ［変形］ ➡ ［自由変形］や［メッシュ変形］などの形を歪めるような変形は、ラスターレイヤーでないと難しいでしょう。

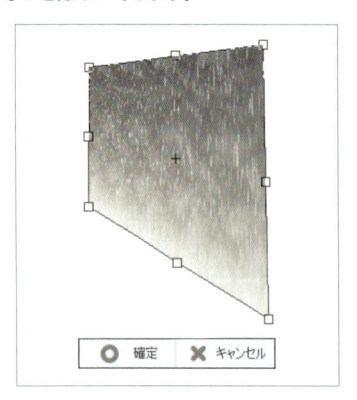

・文字の回転

　テキストレイヤーの文字は［オブジェクト］サブツールで拡大・縮小ができますが、回転はできません。文字を回転したいときはラスタライズします。

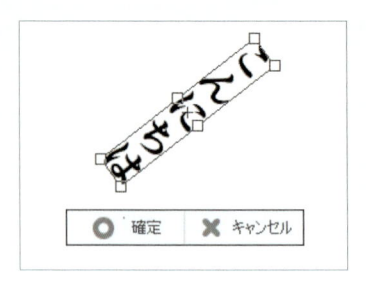

● ラスタライズのデメリット

　ラスタライズすると、変換前のレイヤーの機能は使えなくなるため注意が必要です。たとえば、テキストレイヤーをラスタライズすると、文字の編集が行えなくなります。

　画像素材レイヤーは、［オブジェクト］サブツールで拡大・縮小・回転などの変形が可能ですが、変形後も画像が劣化しません。ラスタライズ後は拡大すると画像が劣化する場合があります。

　それぞれのレイヤーの機能を把握して、ラスタライズが必要かどうか見定めましょう。

● こんなときはしなくてもよい？

　ラスターレイヤー以外のレイヤーは、［編集］メニュー ➡ ［色調補正］から行う色調補正ができません。

　しかし、色調補正レイヤー（［レイヤー］メニュー ➡ ［新規色調補正レイヤー］で選択）を使用すると、どんなレイヤーも色調補正が可能なので、色調補正のためにラスタライズする必要はない場合もあるでしょう。

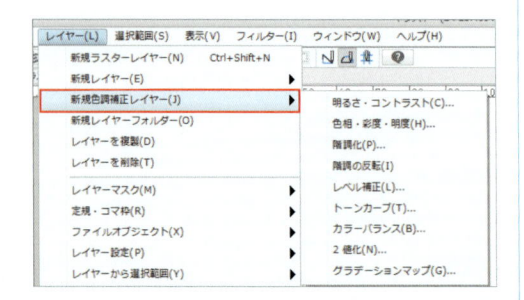

Level
4

加工のテクニック

CLIP STUDIO PAINT Training Book

4-01 ぼかしとシャープ

ここでは、画像をぼかす［ぼかし］と、画像を鮮明にする［シャープ］フィルターについて解説します。

◆ ぼかし

［**フィルター**］メニュー ➡ ［**ぼかし**］のサブメニューから、画像をぼかすフィルターを選択できます。

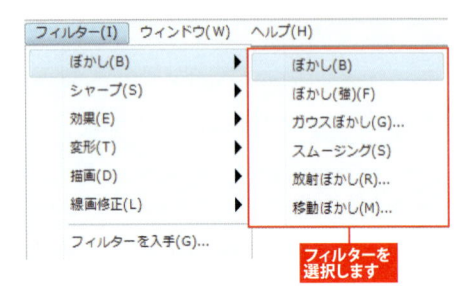

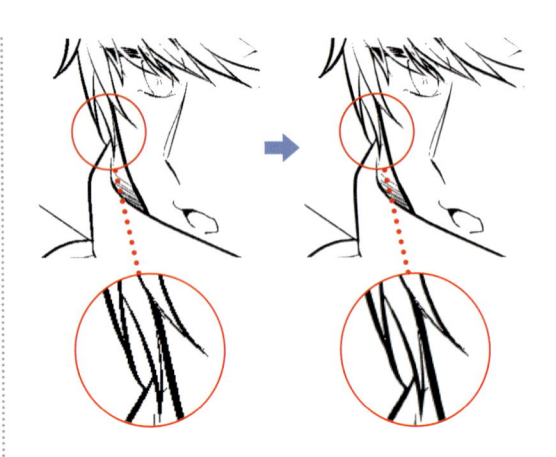

ぼかし／ぼかし（強）

画像をぼかします。［**ぼかし（強）**］は、より強く画像をぼかします。ぼかしの強さは値で設定できません。

ガウスぼかし

［**2.00**］〜［**200.00**］の数値でぼかす範囲を調整できます。

放射ぼかし

放射状にぼかします。ぼかす範囲を調整したりや中心を変更したりすることができます。

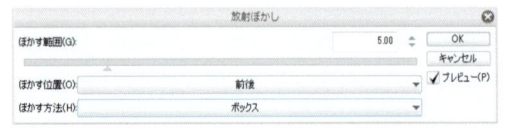

スムージング

アンチエイリアスを加えます。
線のジャギーを軽減するときに使います。

移動ぼかし

画像が動いているようなぼかし効果を加えられます。ぼかしの範囲や方向を調整することができます。

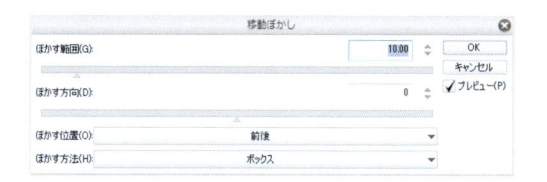

TIPS　効果は編集レイヤーに反映

フィルターの機能を使うと、編集レイヤーにある画像が変化します。
画像全体にフィルターを適用したい場合は、画像を統合する必要がありますが、[**レイヤー**] メニュー ➡ [**表示レイヤーのコピーを結合**] で結合されたレイヤーのコピーにフィルターを適用すると、処理前のレイヤーもすべて残せるので安心です。

◆ シャープ

[**フィルター**] メニュー ➡ [**シャープ**] からフィルターを実行すると、画像をはっきりと鮮明にする効果を加えます。

アンシャープマスク

色の境界あたりのコントラストを強くし、画像を鮮明にする機能です。

❶半径
コントラストを強くする範囲を調整します。

❷強さ
効果の強さを調整します。

❸閾値
どこからどこまでを異なる色と判定し、色の境界とするかを設定します。

❹プレビュー
効果を加えた後の状態をプレビュー表示します。

シャープ／シャープ（強）

画像をハッキリさせる効果を加えます。効果の強さは値で設定できません。[**シャープ（強）**]は[**シャープ**]より強く効果を加えます。

[**シャープ**] を繰り返し実行することで、より画像をクッキリとすることができますが、ブロックノイズができることも多いため、注意が必要です。

元画像　　　　　　シャープ1回目

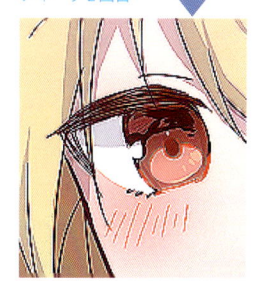

シャープ2回目

シャープ3回目

4-02 ピントを合わせたような加工

特定の範囲に［ガウスぼかし］を使って、カメラのピントを合わせたような演出をすることができます。
完成したイラストに遠近感を加えたいときなどに使えるテクニックです。

1 加工したい画像を開きます。

2 ［レイヤー］メニュー ➡ ［表示レイヤーのコピー
を結合］を選択します。

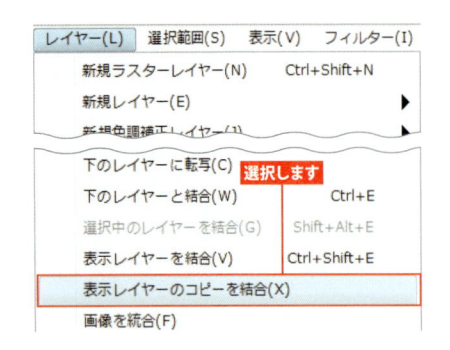

3 表示中のレイヤー
をすべて結合した
レイヤーのコピー
は、［レイヤー］
パレットの一番上
に移動します。レ
イヤー名は「ぼか
し効果」としまし
た。

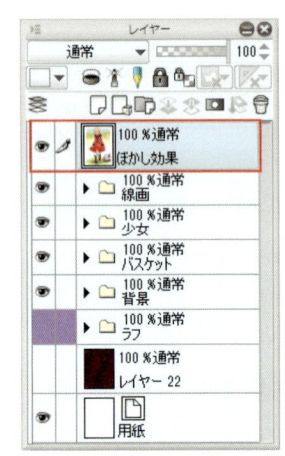

4 ［フィルター］メニュー ➡ ［ガウスぼかし］を実
行します。［ぼかす範囲］は［**30**］にしました。

Point 作例は幅150mm、高さ210mm、解像度350dpiです。
画像のサイズや解像度、好みなどで値を変えるとよいでしょう。

5 ピントを合わせたい辺りに、［楕円選択］で選択範囲を作成します。

選択範囲を作成します

> **Point** 選択範囲をより複雑な形にしたい場合は、［投げなわ選択］を使います。

6 ［選択範囲］メニュー ➡ ［境界をぼかす］を選びます。［ぼかす範囲］は［**200**］とします。

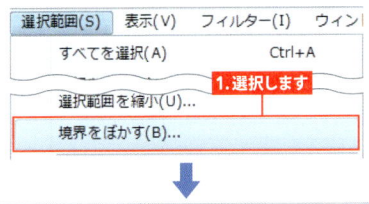

1. 選択します

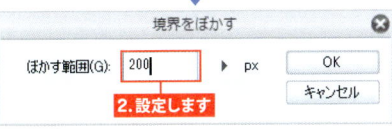

2. 設定します

7 ［編集］メニュー ➡ ［消去］（**Delete** キー）を選びます。

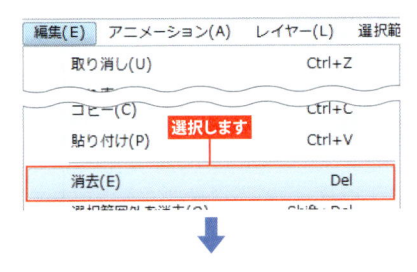

選択します

8 「ぼかし効果」レイヤーの不透明度を下げて、ぼけ具合を調節します。

ぼけ具合を調節します

9 他にピントを合わせたいところがある場合には、
[消しゴム] ツールの [軟らかめ] で消します。

TIPS エアブラシで消す

[消しゴム] ツールの [軟らかめ] で消すような場合、透明色を選択した [エアブラシ] ツール ➡ [柔らか] でも同じように消せます。

[柔らか] はユーザーの使用率の高いツールなので、こちらのほうがなじみがあり、使いやすいという方もいるかもしれません。

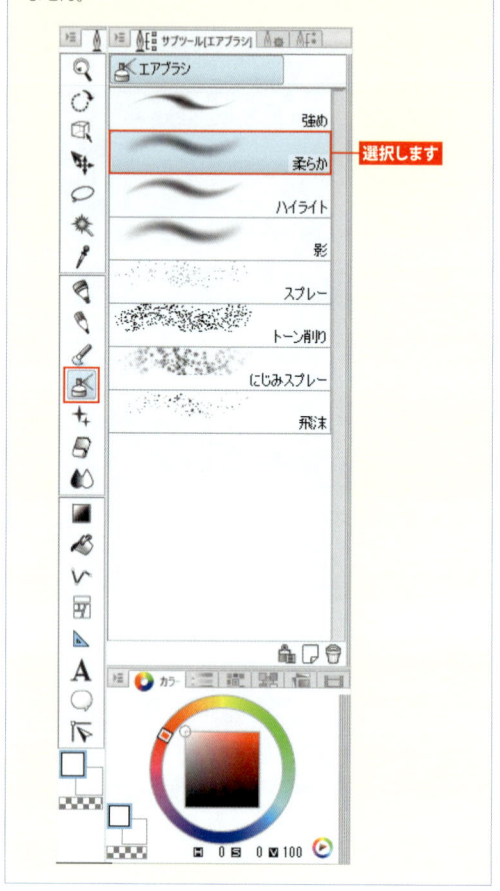

TIPS ぼけのある選択範囲の作成

ぼけのある選択範囲は、レイヤーマスク（165ページ参照）や選択範囲レイヤー（167ページ参照）でも作成できます。

4-03 線画修正フィルター

[フィルター] メニュー ➡ [線画修正] から線画をきれいにしたり、線幅を変えたりする機能が使えます。

◆ ごみ取り

[フィルター] ➡ [線画修正] ➡ [ごみ取り] を選択すると、編集レイヤーにある小さな点を画像のごみとして消去できます。

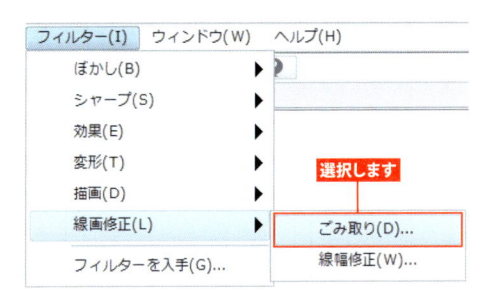

[ごみ取り] ダイアログボックスでは、[ごみのサイズ] と [モード] を設定できます。

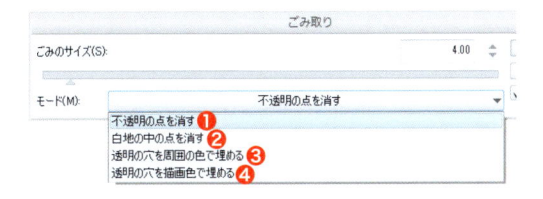

ごみのサイズ

不要な点（ごみ）とするサイズの最大値を設定します。

モード

❶不透明の点を消す

不透明になっている点を消す設定です。線以外が透明になっているレイヤーで使うときに選択します。

❷白地の中の点を消す

白地に黒の線で描画しているレイヤーのごみを消すときに選択します。

❸透明の穴を周囲の色で埋める

線にある小さな穴を、その周囲の色で埋めます。

❹透明の穴を描画色で埋める

線にある小さな穴を、描画色で埋めます。

◆ 線幅修正

編集レイヤーに描画されている線の幅は、変更することができます。

1 線幅を変えたいレイヤーを [レイヤー] パレットで選択しておきます。

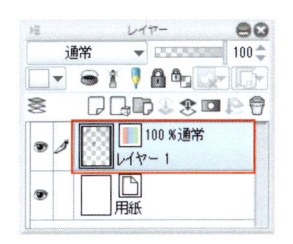

2 ［フィルター］➡［線画修正］➡［線幅修正］を選択します。

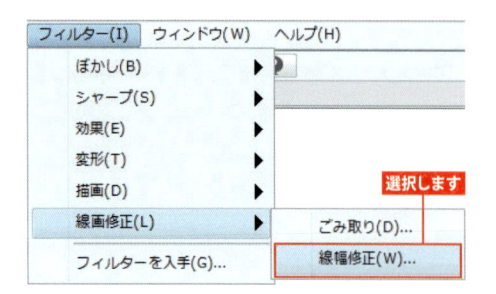

3 ［線幅修正］ダイアログボックスで［処理内容］を［指定幅で細らせる］に設定すると、［拡縮値］で入力した値だけ線が細くなります。
ここでは［**1.00**］にしました。すると一部の線が消えてしまいました。

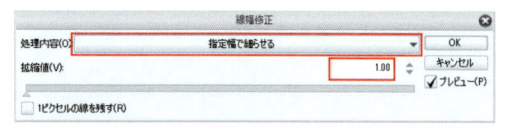

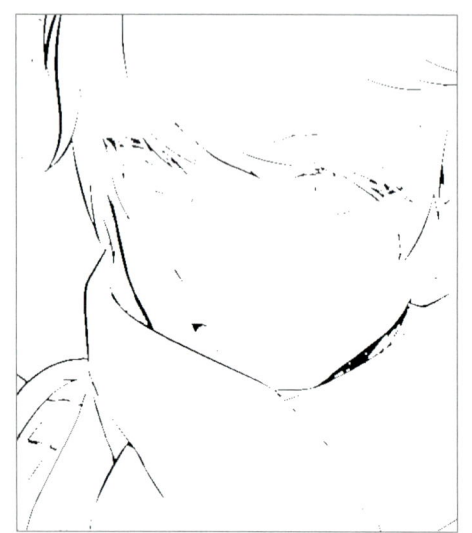

4 元から細かった線が消えてしまう場合は、［1ピクセルの線を残す］にチェックを入れると、細い線も1ピクセルの線として残ります。

TIPS 線を太くする

線を太くしたい場合は、［**処理内容**］を［**指定幅で太らせる**］にします。

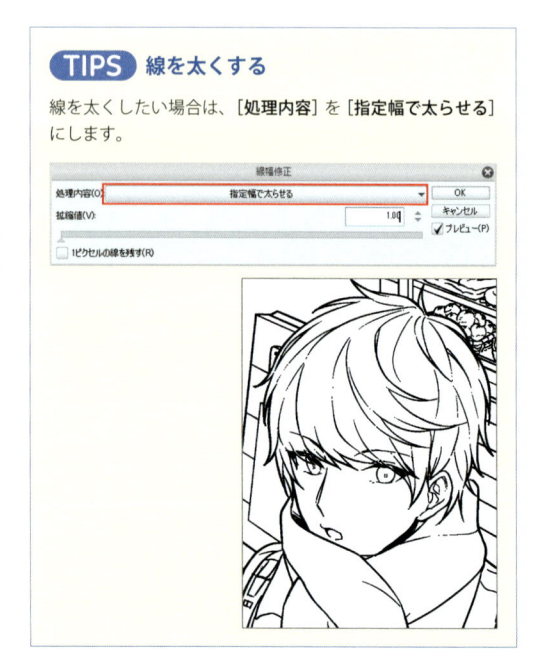

4-04 レイヤーマスク

マスクとは、画像の一部を隠すことができる機能です。レイヤーマスクは、レイヤーごとに設定するマスクです。

◆ レイヤーマスクを作成する

1 選択範囲を作成します。

選択範囲を作成します

2 [レイヤー] メニュー ➡ [レイヤーマスク] ➡ [選択範囲外をマスク] を選択します。

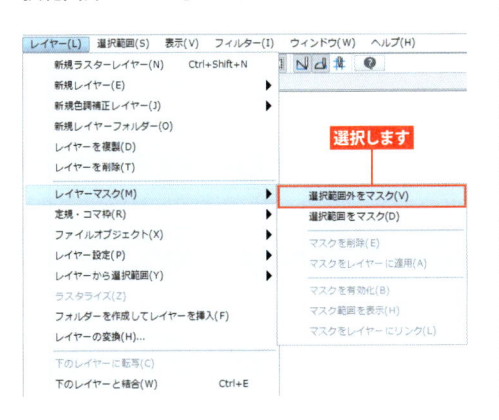

選択します

3 レイヤーマスクが作成され、画像の一部が非表示になりました。

◆ マスク範囲を編集する

1 [レイヤー] パレットでマスクアイコン■をクリックして選択します。

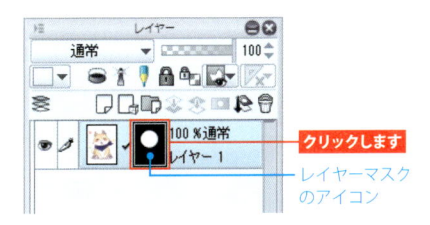

クリックします

レイヤーマスクのアイコン

2 [レイヤー] パレットから [マスク範囲を表示] にチェックを入れます。

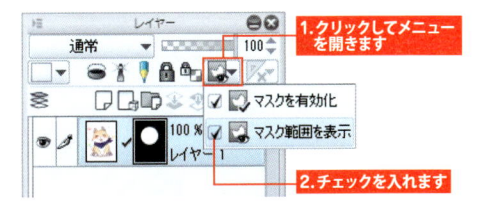

1.クリックしてメニューを開きます

2.チェックを入れます

Level 4

3 マスク範囲が薄紫に表示されます。

4 ［消しゴム］ツールや透明色を選択したブラシ
ツールを使用すると、マスク範囲を増やすことが
できます。

5 マスク範囲は、ブラシツールで描画すると削るこ
とができます。このときの描画色は何色でもかま
いません。
ここでは、［エアブラシ］ツール ➡ ［強め］を選
択してマスクの端を描画します。

Point ［エアブラシ］ツール ➡ ［柔らか］を使用すると、よりぼ
んやりとした描画になります。

6 ［マスク範囲を表示］のチェックを外すと、マスク
したところが透明になっているのがわかります。

4-05 選択範囲レイヤーとクイックマスク

［選択範囲レイヤー］を使用すると、選択範囲をストックすることができます。［選択範囲レイヤー］は、ブラシツールで編集できます。

◆ 選択範囲レイヤーの作成

1 選択範囲を作成します。

選択範囲を作成します

2 ［選択範囲］メニュー ➡［選択範囲をストック］を選択します。

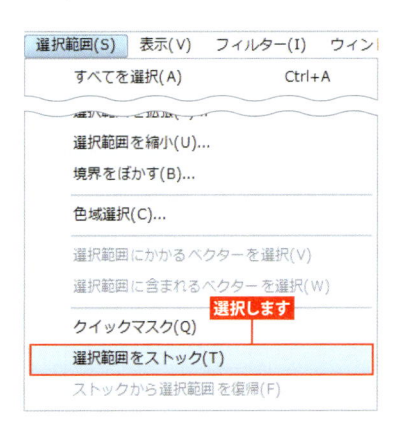

選択します

3 選択範囲がうっすらと緑に表示されます。［レイヤー］パレットでは、［選択範囲レイヤー］が作成されます。

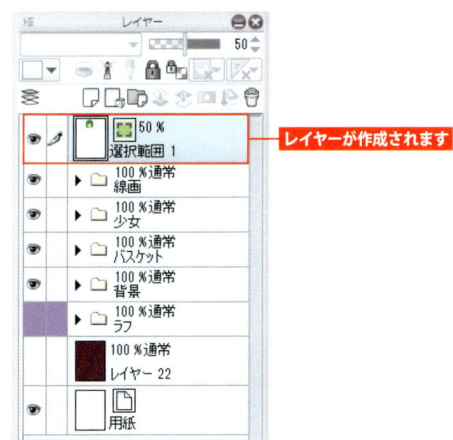

レイヤーが作成されます

4 ブラシツールで描画すると緑で表示された範囲を増やすことができ、透明色を選択したブラシツール、もしくは［消しゴム］ツールを使うと範囲を削ることができます。

5 ［選択範囲］メニュー ➡ ［ストックから選択範囲を復帰］を選択すると、緑で表示されていた部分が選択範囲になります。

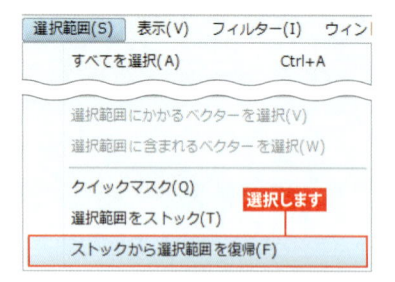

◆ 選択範囲に半透明部分を作る

1 ブラシツールなどを使って選択範囲を作成できるため、複雑な形の選択範囲ができます。
　［エアブラシ］ツール ➡ ［柔らか］などのエッジがぼけたブラシツールを使用すると、選択範囲に半透明の部分を作ることが可能です。

2 ［選択範囲］メニュー ➡ ［ストックから選択範囲を復帰］を選択。境界がぼけた選択範囲が作成されました。

◆ クイックマスク

クイックマスクも、[**選択範囲**] レイヤーのように [**クイックマスクレイヤー**] を作成して、選択範囲をブラシツールで編集できます。

ただし、クイックマスクを解除すると [**クイックマスクレイヤー**] は削除されるため、一時的な選択範囲の編集などに使うとよいでしょう。

1 選択範囲を作成します。

2 [選択範囲] メニュー ➡ [クイックマスク] を選択します。

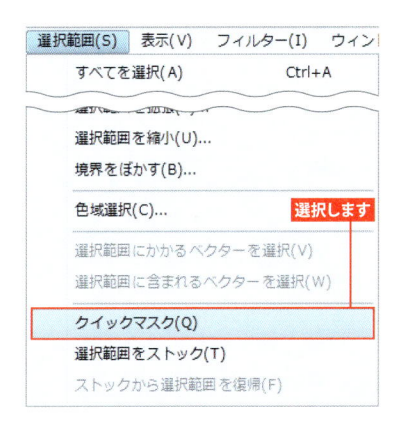

3 選択範囲がうっすらと赤く表示されます。[レイヤー] パレットでは [クイックマスクレイヤー] が作成されます。

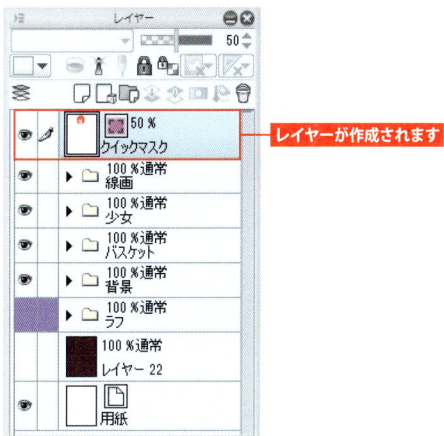

レイヤーが作成されます

4 ブラシツールで赤い部分を編集できます。

5 再度［選択範囲］メニュー ➡ ［クイックマスク］を選択します。クイックマスクが解除され、選択範囲が作成されます。

解除すると［クイックマスクレイヤー］は消えます。ここが［選択範囲］レイヤーとは違うところです。

4-06 色調補正でコントラストの調整

色調補正の［明るさ・コントラスト］などを使用して、画像の明暗やコントラストを調整することができます。

◆ 明るさ・コントラスト

1 色調補正したいレイヤーを選択した状態で［編集］メニュー ➡ ［色調補正］➡ ［明るさ・コントラスト］を選択します。

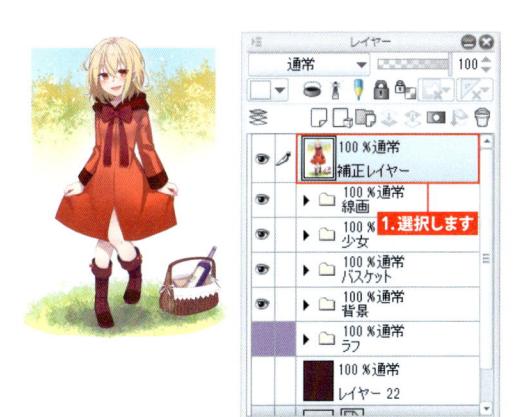

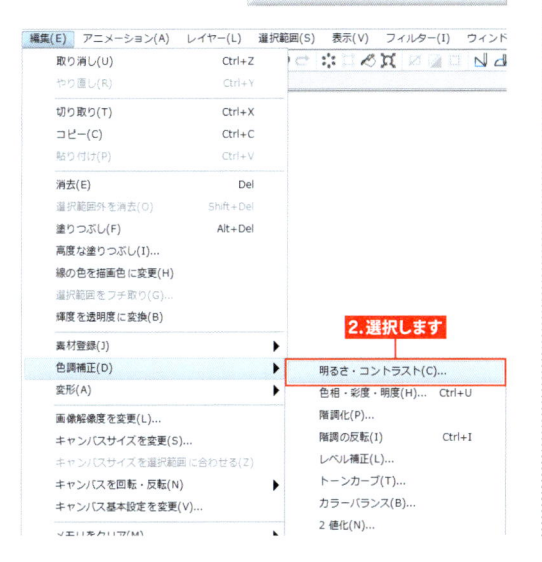

2 ［明るさ・コントラスト］ダイアログボックスが開きます。［明るさ］のスライダをドラッグすると、明暗を調整できます。

Point ［プレビュー］にチェックが入っているときは、キャンバス上の画像が色調補正後の状態に表示されます。

Point ［自動調整］ボタンをクリックすると、表示している画像に応じて、自動的に調整します。

[-50]　　　[0]　　　[+50]

3 ［コントラスト］のスライダをドラッグすると、明るい部分と暗い部分の差を調整できます。

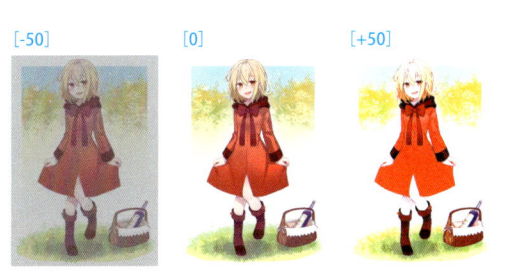

[-50]　　　[0]　　　[+50]

Point 色調補正できるレイヤーは、ラスターレイヤーのみです。

◆ レベル補正

1 色調補正したいレイヤーを選択した状態で［編集］メニュー ➡ ［色調補正］➡ ［レベル補正］を選択します。

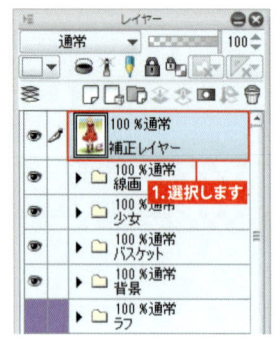

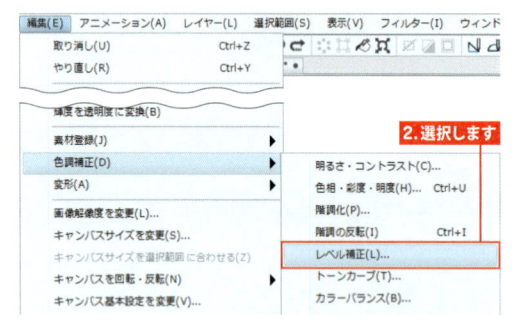

2 調整したい色のチャンネルを選択します。［RGB］・［Red］・［Green］・［Blue］から選択できます。たとえば、色全体を調整したい場合は［RGB］、レッド系だけを調整したい場合は［Red］を選びます。

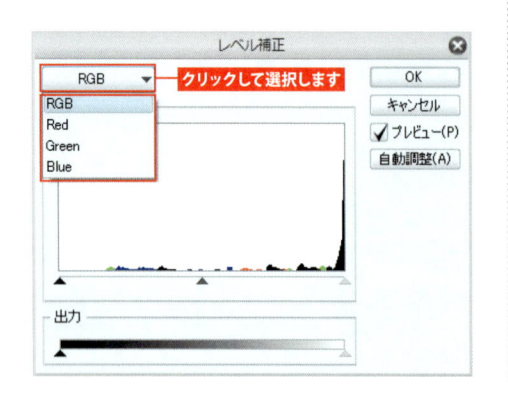

3 三角形のコントロールポイント［シャドウ入力］・［ガンマ入力］・［ハイライト入力］を調整して、画像の明暗を変更します。

シャドウ入力
画像の中で最も暗い色の部分を調整します。

ガンマ入力
画像の中で中間の明るさを調整します。

ハイライト入力
画像の中で最も明るい色の部分を調整します。

4 ［出力］で画像の最も暗い色の濃さと、明るい色の濃さを調整できます。

調整します

Point ［プレビュー］にチェックが入っているときは、キャンバス上の画像が色調補正後の状態に表示されます。

Point ［自動調整］ボタンをクリックすると、表示している画像に応じて、自動的に明暗を調整します。

◆ トーンカーブ

1 色調補正したいレイヤーを選択した状態で［編集］メニュー ➡ ［色調補正］➡ ［トーンカーブ］を選択します。

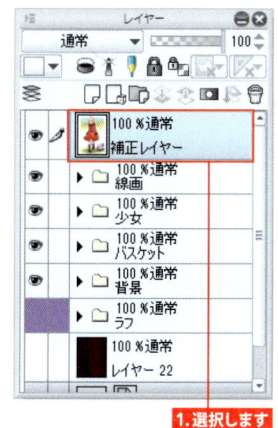

1. 選択します

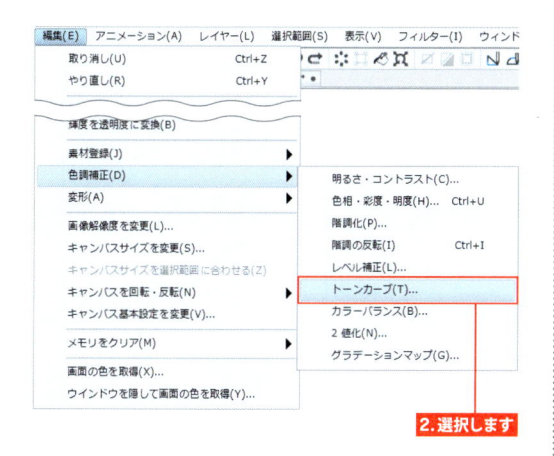

2. 選択します

2 調整したい色のチャンネルを［RGB］・［Red］・［Green］・［Blue］から選択できます。

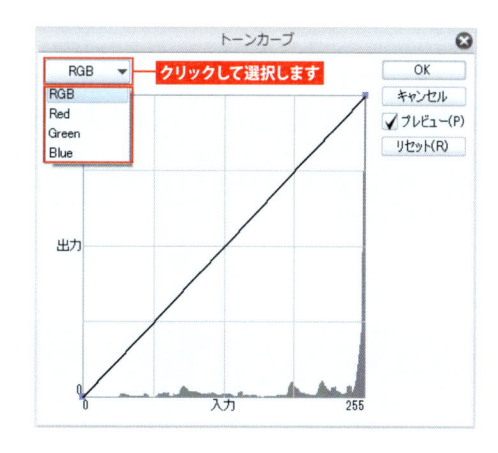

クリックして選択します

3 グラフをクリックしてコントロールポイントを追加します。グラフの中では、右側ほど元画像の明るい部分、左側ほど暗い部分に対応しています。

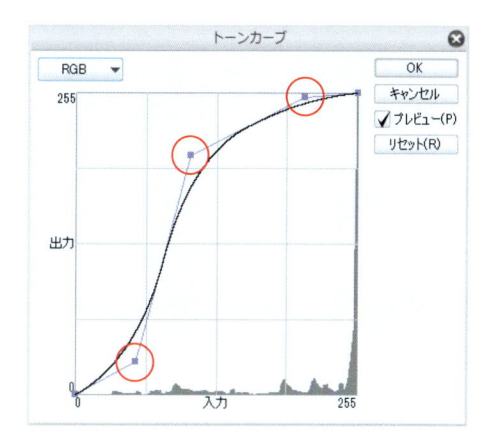

Point ［プレビュー］にチェックが入っているときは、キャンバス上の画像が色調補正後の状態に表示されます。

4 コントロールポイントを動かすと、色を調整できます。下の方に動かすと暗くなり、上の方に動かすと明るくなります。

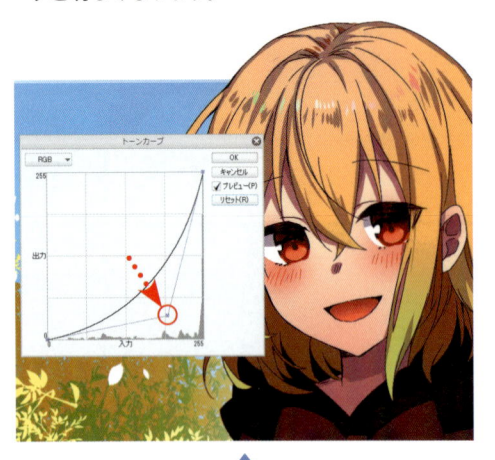

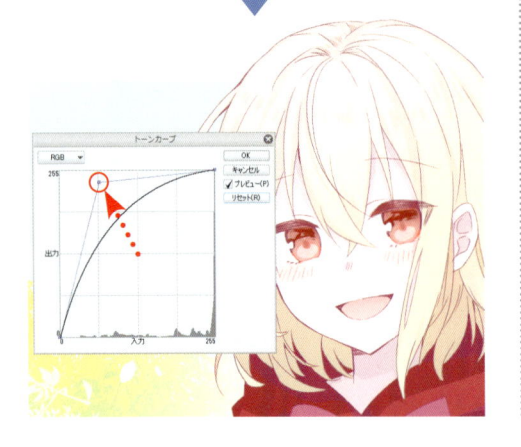

5 グラフを元に戻したい場合は、［リセット］ボタンをクリックします。

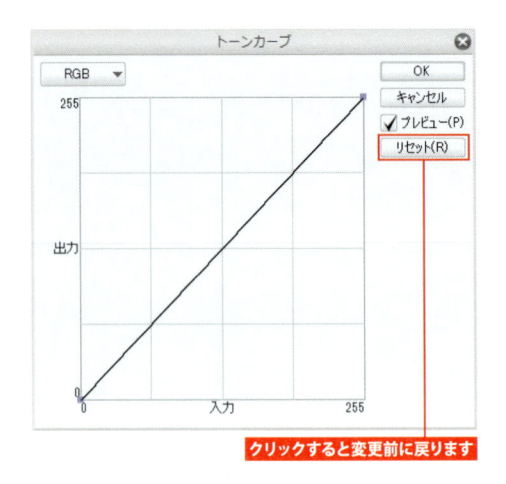

クリックすると変更前に戻ります

Point コントロールポイントは、枠の外側まで動かすと削除できます。

4-07 色調補正レイヤー

複数のレイヤーに対して色調補正する場合は、色調補正レイヤーを使います。

◆ 色調補正レイヤーのメリット

色調補正レイヤーは、[**編集**] メニュー ➡ [**色調補正**] では調整できないベクターレイヤーなどの画像の補正も可能です。

また、後から色調補正をやり直せるという利点もあります。

◆ 色調補正レイヤー（[**色相・彩度・明度**]）の作成

色の微調整は、色調補正レイヤーが便利です。

元の画像

1 [レイヤー] メニュー ➡ [新規色調補正レイヤー] ➡ [色相・彩度・明度] を選択します。

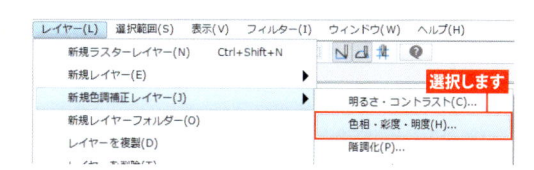

2 [色相・彩度・明度] ダイアログボックスが開きます。ここでは [明度] を [**+15**] にして画像を明るくしてみました。[OK] ボタンをクリックすると確定されます。

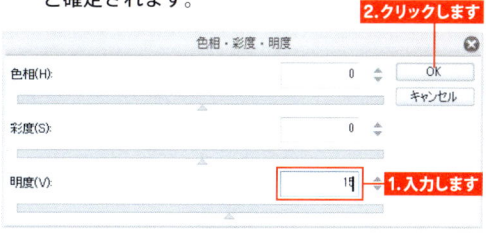

Level 4

3 作成された色調補正レイヤーは、[レイヤー] パレットの下にあるレイヤーに対して、色調補正します。

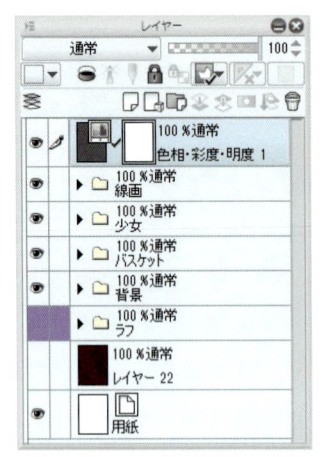

4 色調補正をやり直したい場合は、[レイヤー] パレットで色調補正レイヤーをダブルクリックすると、再度ダイアログボックスが表示されます。

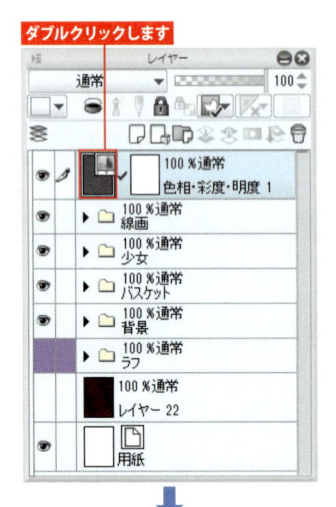

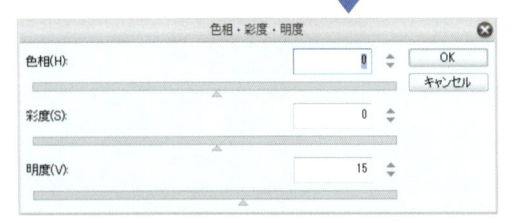

5 色調補正レイヤーを削除すると、画像は補正前の状態になります。

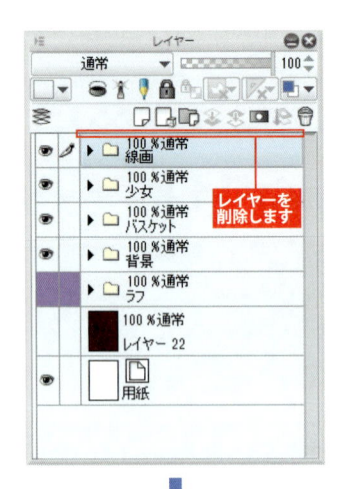

176

◆ 色調補正レイヤーの配置

色調補正レイヤーは、[**レイヤー**] パレット上の下のレイヤーに対して効果があるため、一部のレイヤーだけ色を変えることもできます。

例 背景が描かれたレイヤーの上に色調補正レイヤー [色相・彩度・明度] を作成します。[彩度] を [-100] にすると、背景だけグレーの色調に変更できます。

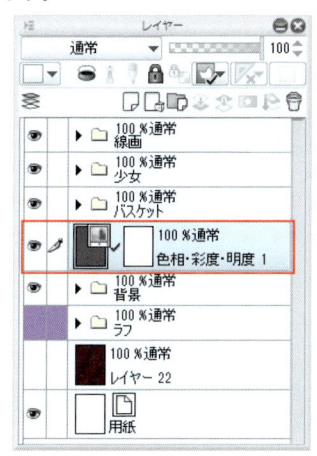

画像全体を色調補正したい場合は、最も上の階層に色調補正レイヤーを配置します。

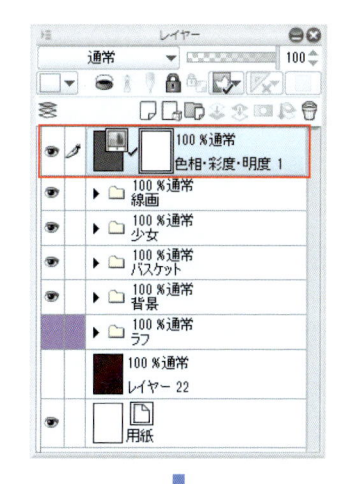

Level 4

4-08 メッシュ変形で服の模様を作る

［編集］メニュー ➡ ［変形］ ➡ ［メッシュ変形］から格子状のハンドルを使って複雑な変形を行えます。

1 服の一部に模様を加えます。ここでは、［素材］パレット ➡ ［カラーパターン］ ➡ ［服柄］ ➡ ［シンプルチェック_黄］を使ってみます。

［素材］パレットから素材をキャンバスにドラッグ＆ドロップして貼り付けます。

ドラッグ＆ドロップ
します

2 ［レイヤー］パレットで線画のレイヤーの下に素材のレイヤーを移動します。

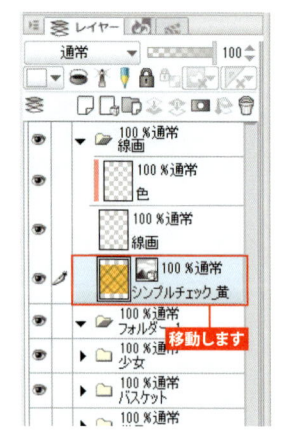

移動します

3 模様の大きさは、緑のハンドルで調整します。

4 ［レイヤー］メニュー ➡ ［ラスタライズ］を選択して、素材レイヤーをラスターレイヤーに変更します。

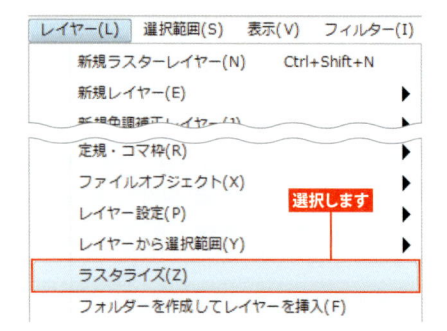

選択します

5 ［選択範囲］ツール ➡ ［長方形選択］ を選択して、模様にしたい部分の周りを一回り大きめに選択します。

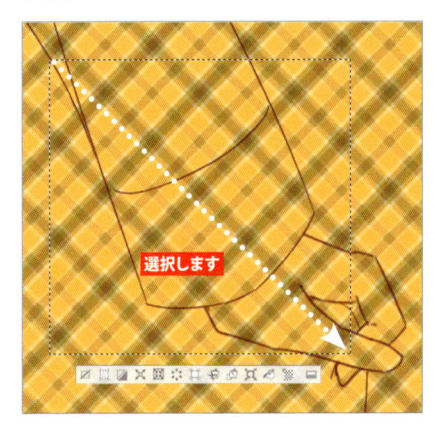

選択します

6 ［選択範囲ランチャー］ から ［選択範囲外を消去］をクリックします。

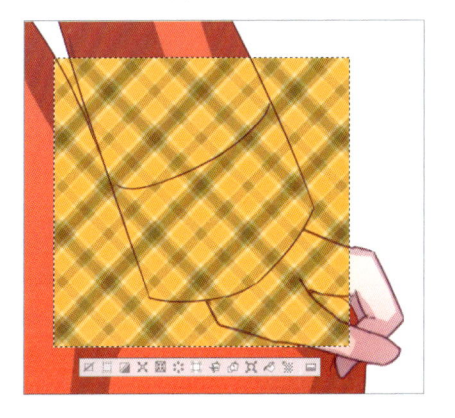

7 ［編集］メニュー ➡ ［変形］ ➡ ［メッシュ変形］を選択します。

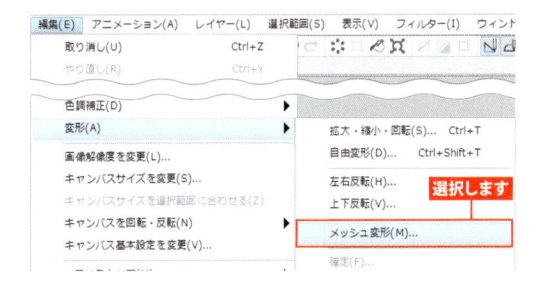

選択します

8 格子のハンドルを動かして模様を変形させます。［確定］ ボタンをクリックすると、変形が確定されれます。

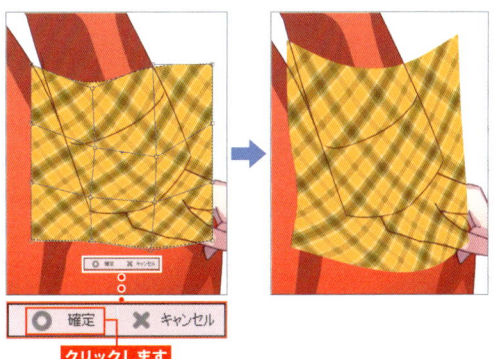

確定　✕ キャンセル

クリックします

9 不要な部分を ［消しゴム］ ツールなどで消します。

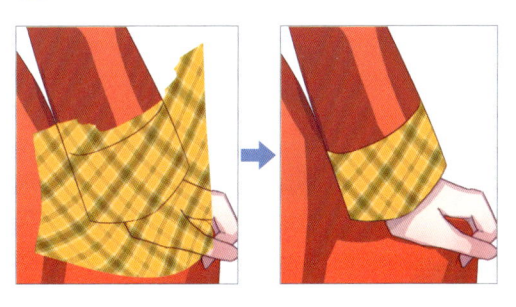

TIPS さまざまな消し方

線画に沿って ［折れ線選択］ で選択して、消去（Delete キー）するのも1つの方法です。

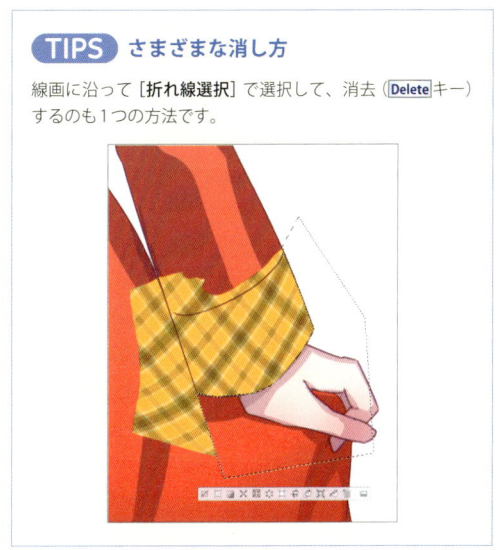

10 もう片方の袖も、同じようにチェック柄に変更します。

11 色調補正レイヤー［色相・彩度・明度］を作成します。

模様だけ色調補正したいので、レイヤーフォルダー「模様」を作成して、色調補正レイヤーと模様のレイヤーを収めます。

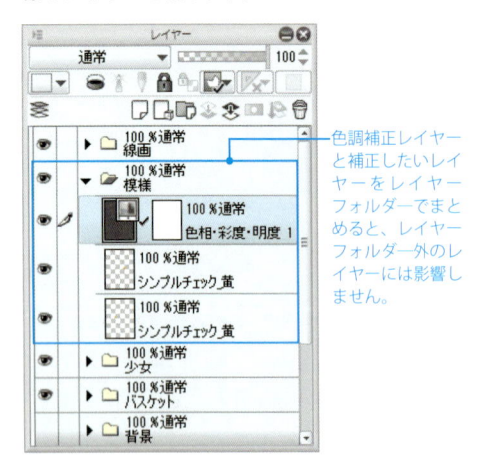

色調補正レイヤーと補正したいレイヤーをレイヤーフォルダーでまとめると、レイヤーフォルダー外のレイヤーには影響しません。

12 色調補正して、赤っぽい模様に調整しました。

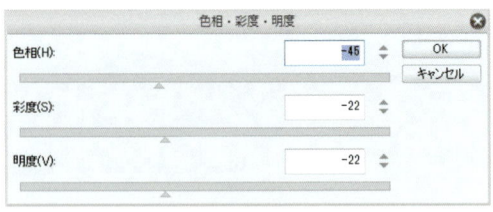

線が引けないときや、キャンバスに⊘が表示されて編集できない場合などには、以下のようなことを確認してみるとよいでしょう。

● 選択範囲が作成されている

選択範囲を作成していると、範囲外の領域は編集できなくなります。

気づかぬうちに選択範囲をどこかに作成している場合もあるので、[選択範囲] メニュー ➡ [選択を解除] を実行します。

● 描画色を確認

線を引いてもなにも描画できない場合、描画色が白、または透明色になっていないかどうか確かめてみます。

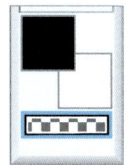

● 基本表現色を確認

新規キャンバス作成時に、[基本表現色] を設定しますが、[モノクロ] の場合には描画色に赤や青などを設定していても、黒か白に変換されます。

色をつけたいのに黒でしか描画できないときは、[編集] メニュー ➡ [キャンバス基本設定を変更] を選択して、[基本表現色] を確認してみます。

● レイヤーを確認

線が引けないときなど、描画できないときは、画像素材レイヤーや用紙レイヤーのようなレイヤーを選択している可能性があります。[レイヤー] パレットで選択中のレイヤーを確認してみます。

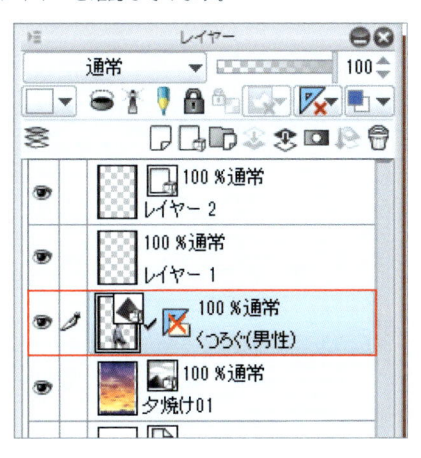

ラスターレイヤーやベクターレイヤー以外のレイヤーやレイヤーフォルダーを選択していると、描画系ツールは使えません。

また、ベクターレイヤーでは [塗りつぶし] ツールは使えないため、注意が必要です。

● 編集レイヤーが非表示

[レイヤー] パレットで選択しているレイヤーが非表示（目のアイコンが消えている）のときは、一切の編集ができません。

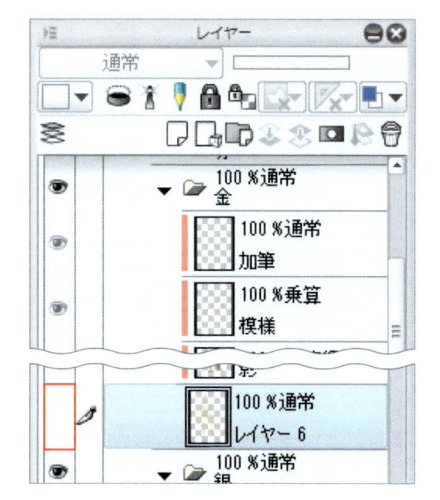

● ペンタブレットを確認

ペンタブレットでは描画できないのにマウスではできる場合、ペンタブレットに問題があるかもしれません。

ペンタブレットの接続状態を確認し、問題なければドライバを再インストールします。

ドライバの再インストールは、以下の手順で進めます。

1 パソコンからペンタブレットのUSBケーブルを外す
2 現行のドライバをアンインストールする
3 パソコンを再起動する
4 最新バージョンをインストールする

Level 4

●初期化起動

さまざまな設定を一気に元に戻したいときは、「初期化起動」が便利です。初期化起動すると、インストール時の状態に戻ります。

1　「CLIP STUDIO」で [PAINT] を Shift キーを押しながらクリックします。

2　「初期化起動」ダイアログボックスが表示されます。

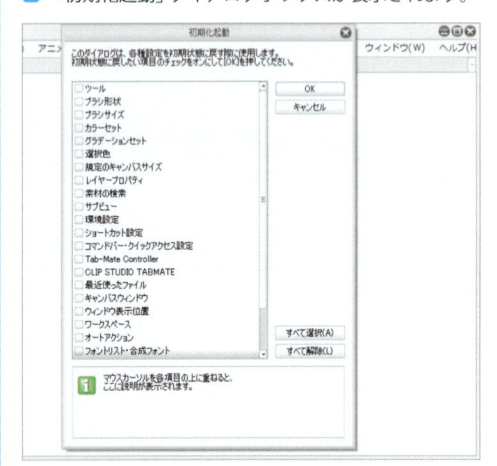

3　初期化する設定をチェックボックスで選択します。すべての設定を初期化する場合は、[すべて選択] をクリックします。

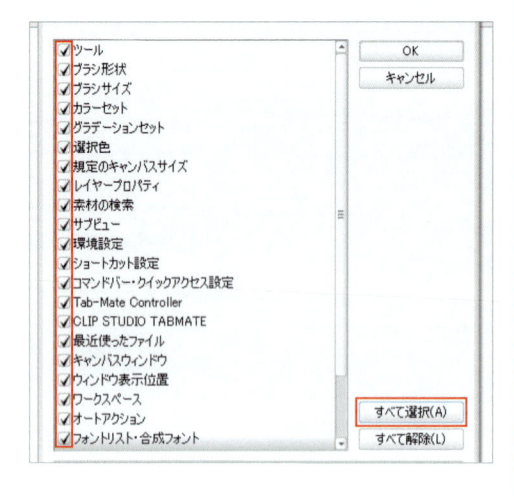

4　[OK] ボタンをクリックすると、初期化起動されます。

●ツールの設定の初期化

ツールの設定を初期状態に戻すには、[ツールプロパティ] パレットで [初期設定] をクリックします。

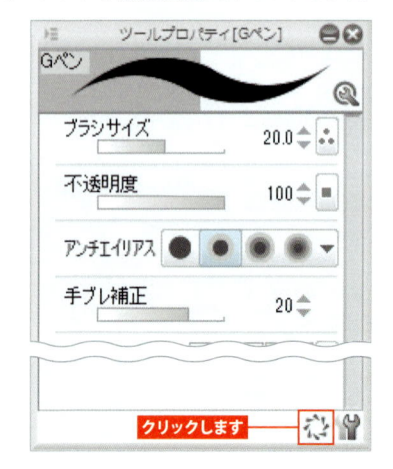

●パレット位置の初期化

パレットの位置を初期状態に戻したいときは、[ウィンドウ] メニュー ➡ [ワークスペース] ➡ [基本レイアウトに戻す] を選択します。

Level 5

覚えておきたい機能

文字を入力する

5-01

[テキスト] ツールを使って、マンガのフキダシなどの文字を入力できます。漢字に振るルビや行間なども設定できます。

◆ [テキスト] ツールの設定

[**テキスト**] ツールの [**ツールプロパティ**] で設定してから文字を入力します。

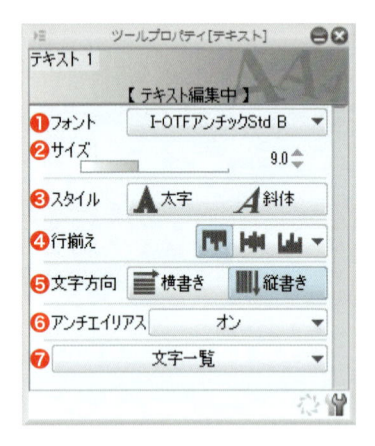

❶フォント
フォントを選択します。

❷サイズ
文字のサイズを設定します。

❸スタイル
[**太字**]・[**斜体**] を設定できます。

❹行揃え
横書きの場合には [**左揃え**]・[**中央揃え**]・[**右揃え**] から、縦書きの場合には [**上揃え**]・[**中央揃え**]・[**下揃え**] から選択します。

❺文字方向
[**横書き**]・[**縦書き**] から選択します。

❻アンチエイリアス
アンチエイリアスのオン／オフを選択します。

❼文字一覧
外字など、変換できないような文字が一覧で表示されます。

◆ 文字入力と編集の流れ

1 [テキスト] ツールを選択します。

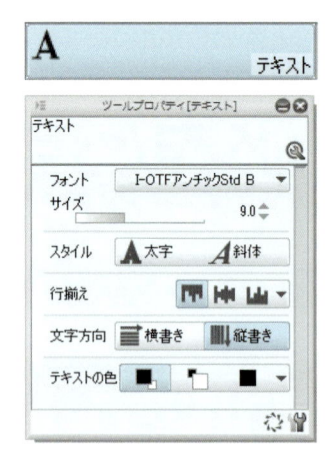

2 文字を入力したい箇所でクリックします。

3 キーボードで文字を入力します。

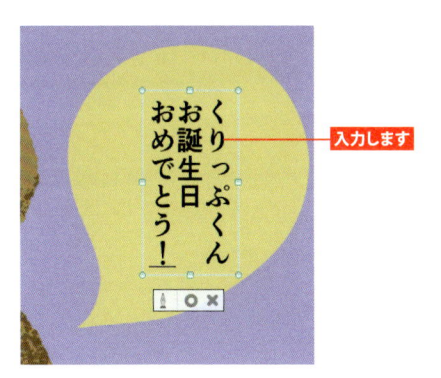

4 ルビを振ります。［テキスト］ツールでルビを振る漢字をドラッグ操作で選択します。

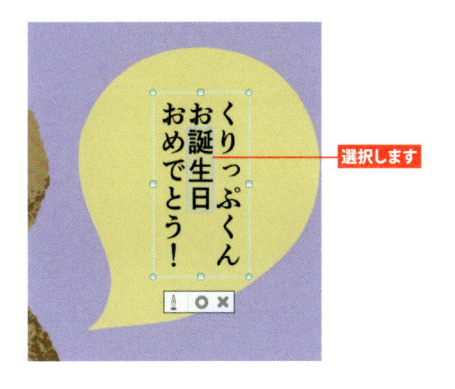

5 ［サブツール詳細］パレット ➡ ［ルビ］カテゴリーから［ルビ設定］をクリックします。

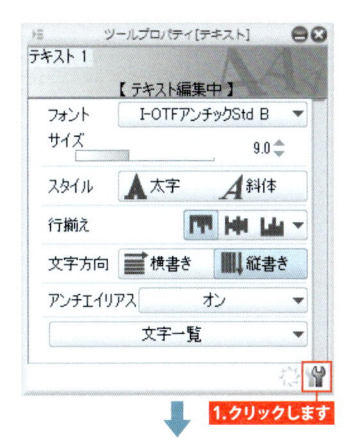

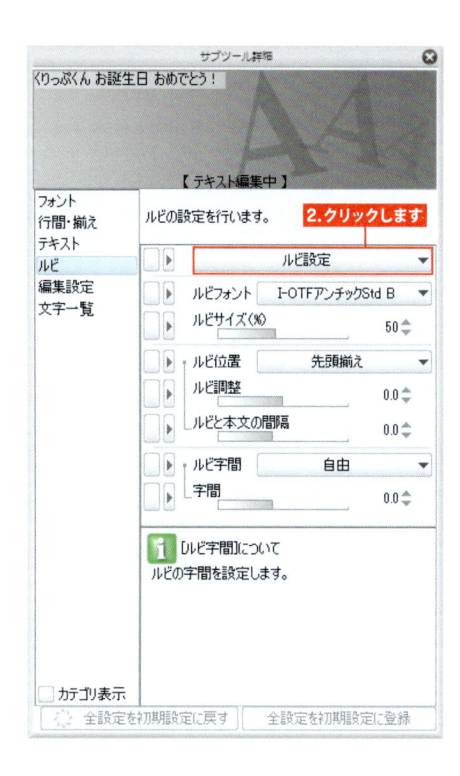

6 ［ルビ文字列］に読みがななどを入力します。

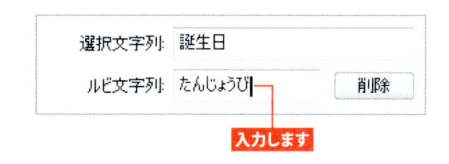

7 ルビが前の行と重なってしまったため、行間を調整します。

8 一行目を選択して、[サブツール詳細] パレット ➡ [行間・揃え] カテゴリーで [行間] を [**150**]、[指定方法] は [パーセント指定] に設定すると、次の行までは文字の幅の50%だけ空きます（1行目の幅と次の行までの間隔を合わせて、150%になります）。

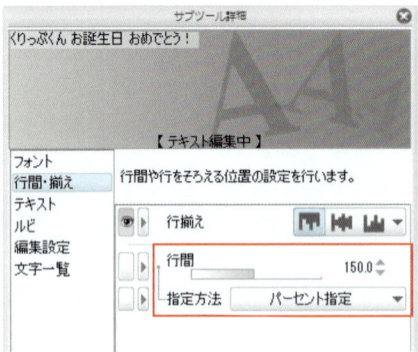

9 入力が完了しました。

10 フレーム内の文字全体のサイズを変更したいときは、[オブジェクト] サブツールで文字を選択して [ツールプロパティ] パレットで調整すると便利です。

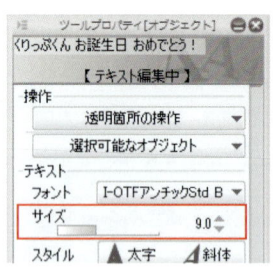

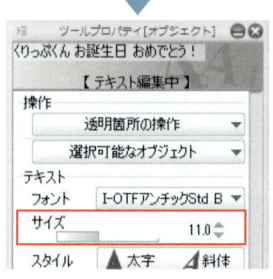

11 文字の色を変えたい場合は、［テキスト］ツールで変更したい文字列をドラッグ操作で選択し、［カラーサークル］パレットなどで描画色を変更します。

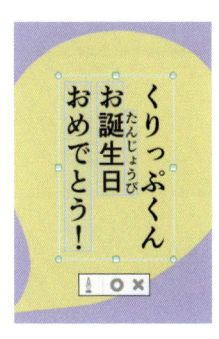
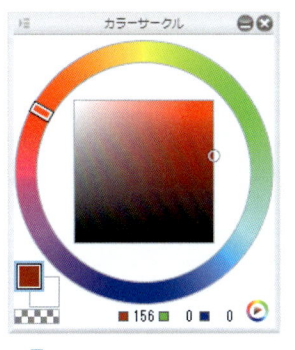

TIPS お気に入りの設定を初期設定に登録

お気に入りの設定は［**サブツール詳細**］パレットで［**全設定を初期設定に登録**］をクリックすることで、初期設定として保存できます。

ただし、［**テキスト**］ツールは、テキスト編集中（［**テキスト**］ツールでキャンバスをクリックした後や、すでにあるテキストを選択している状態）は［**全設定を初期設定に登録**］がクリックできない状態になります。［**全設定を初期設定に登録**］を行いたい場合は、テキストを作成する前にあらかじめ行う必要があるので注意しましょう。

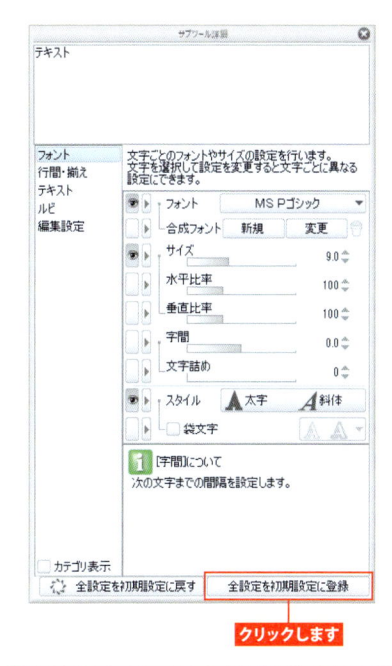

クリックします

5-02 カスタムブラシを作成する

カスタマイズしたブラシは新しいサブツールとして登録して、いつでも使えるようにしておくと便利です。

◆ カスタムサブツールの作成

1 ［サブツール］パレットでベースになるサブツールの上で右クリックして、メニューから［カスタムサブツールの作成］を選択します。

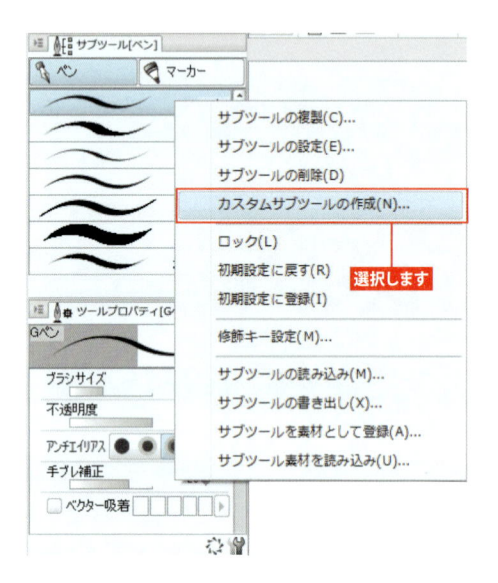

2 ［カスタムサブツールの作成］ダイアログボックスで名前をつけて、［OK］ボタンをクリックします。

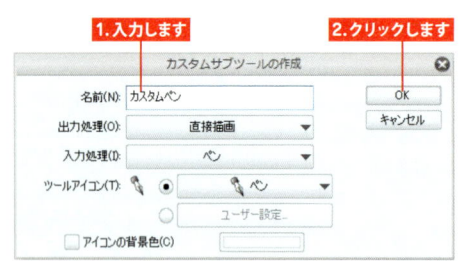

3 ［ツールプロパティ］パレットや［サブツール詳細］パレットでお好みの設定にしましょう。
例として、ここでは下記の設定を変更しました。

4 設定が終了したら、［サブツール詳細］パレットで［全設定を初期設定に登録］ボタンをクリックします。

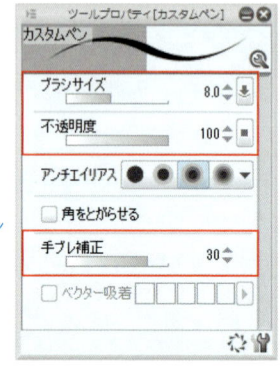

ベースのサブツール：Gペン
ブラシサイズ：8.0
手ブレ補正：30

入り抜き：ブラシサイズ
入り：50
抜き：30
速度による入り抜き：オフ

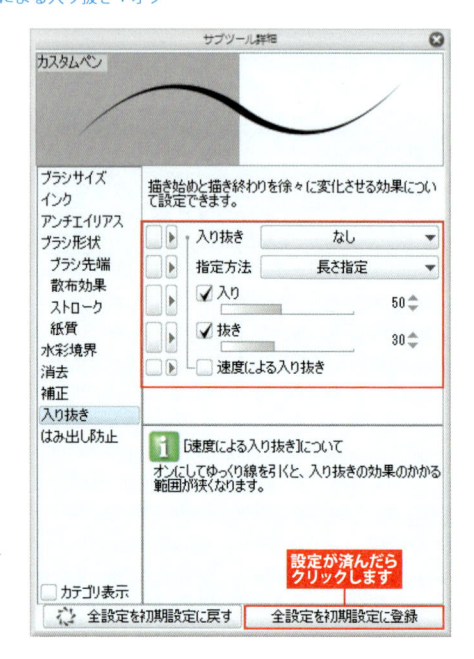

5 カスタムブラシのサブツールが完成しました。

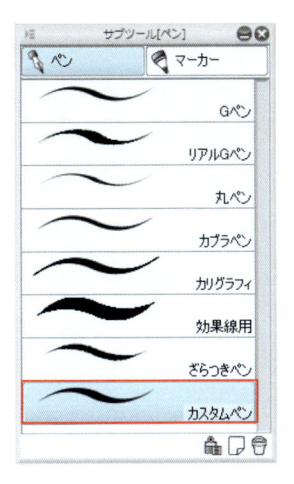

◆ サブツールファイルの書き出し

設定したカスタムブラシをファイルとして書き出せます。

誤って設定を変更してしまった場合に、書き出したファイルを読み込んで復旧させることができます。

1 ［サブツール］パレットで書き出したいサブツールの上で右クリックして、ショートカットメニューから［サブツールの書き出し］を選択します。

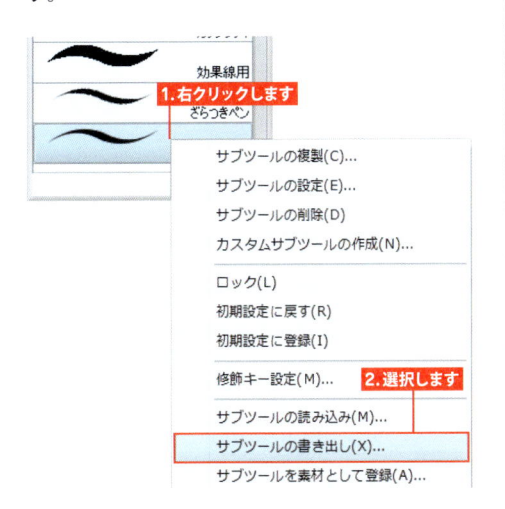

2 ［サブツールの書き出し］ダイアログボックスで保存先を指定して、［保存］ボタンをクリックします。

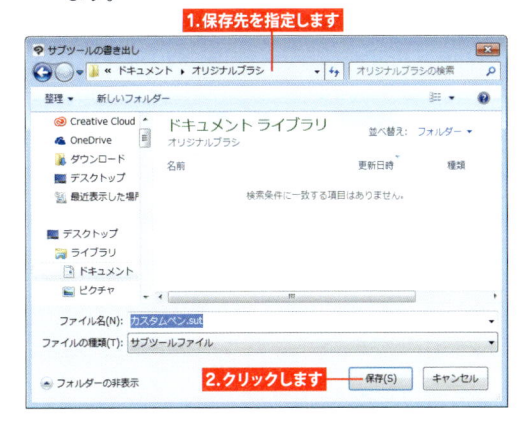

3 拡張子［.sut］のファイルが保存されます。

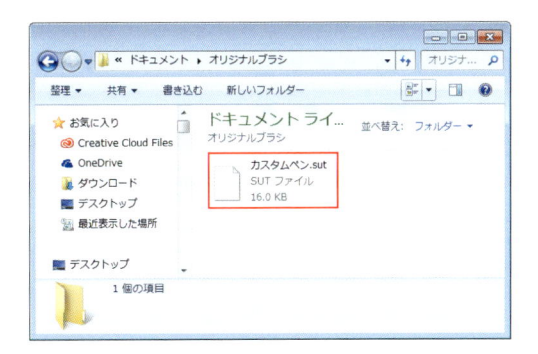

4 ファイルを読み込むときは、[サブツール] パレットのメニュー表示から [サブツールの読み込み] を選択します。

[サブツール] パレット上で右クリックしても、[サブツールの読み込み] を選択できます。

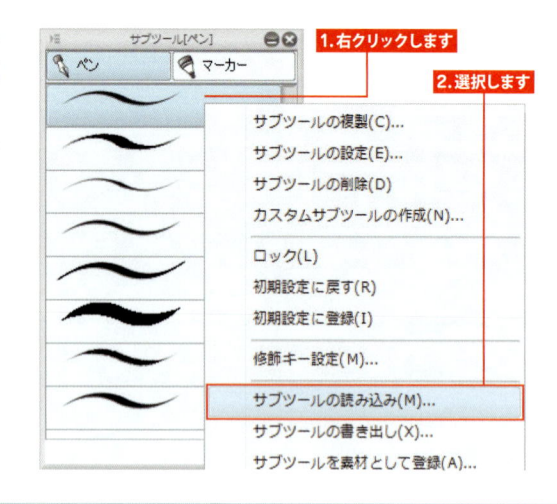

1.右クリックします
2.選択します

サブツールの複製(C)...
サブツールの設定(E)...
サブツールの削除(D)
カスタムサブツールの作成(N)...

ロック(L)
初期設定に戻す(R)
初期設定に登録(I)

修飾キー設定(M)...

サブツールの読み込み(M)...
サブツールの書き出し(X)...
サブツールを素材として登録(A)...

TIPS サブツールにアイコンを登録する

サブツールごとにアイコンを設定することができます。

1 事前にアイコンの画像を作成しておきます。背景が透過された GIF や PNG ファイルがおすすめです。

2 アイコンを設定したいサブツールを選択します。サブツールの上で右クリックし、ショートカットメニューから [サブツールの設定] を選択します。

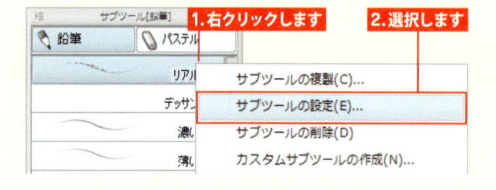

1.右クリックします
2.選択します

サブツールの複製(C)...
サブツールの設定(E)...
サブツールの削除(D)
カスタムサブツールの作成(N)...

3 [サブツール設定] ダイアログボックスで [ユーザー設定] の左にある○をクリックします。

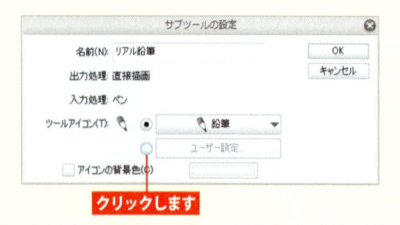

クリックします

4 アイコンの画像を選択して、[開く] ボタンをクリックします。

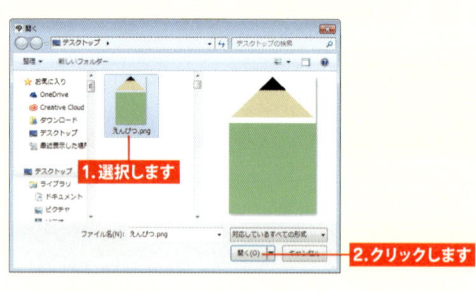

1.選択します
2.クリックします

5 背景色を設定する場合は、[アイコンの背景色] にチェックを入れて色を指定します。

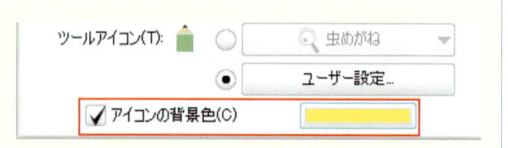

ツールアイコン(T):
虫めがね
ユーザー設定...
✓ アイコンの背景色(C)

6 設定が終了したら、[OK] ボタンをクリックします。サブツールを選択中の [ツール] パレットや [クイックアクセス] パレットなどでアイコンが反映されます。

 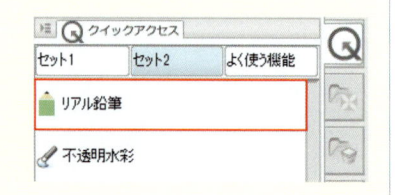

クイックアクセス
セット1　セット2　よく使う機能
リアル鉛筆
不透明水彩

5-03 画像をパターン素材にする

画像をパターン素材にして、パターンブラシを作成したり背景用の模様に使用することができます。

◆ パターンブラシを作成する

マスキングテープのようなパターンブラシを作ってみます。

1 ［表示］メニュー ➡ ［グリッド］でグリッドを表示します。

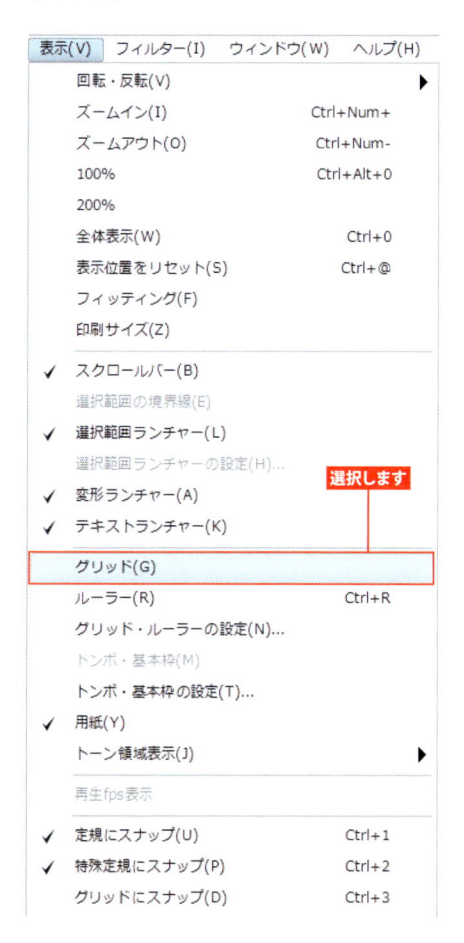

2 ［グリッドにスナップ］をオンにした状態で、ベースになる色をグリッドに合わせて塗ります。
ツールは［図形］ツール ➡ ［長方形］を使いました。［ツールプロパティ］パレットで［線・塗り］を［塗りを作成］にします。

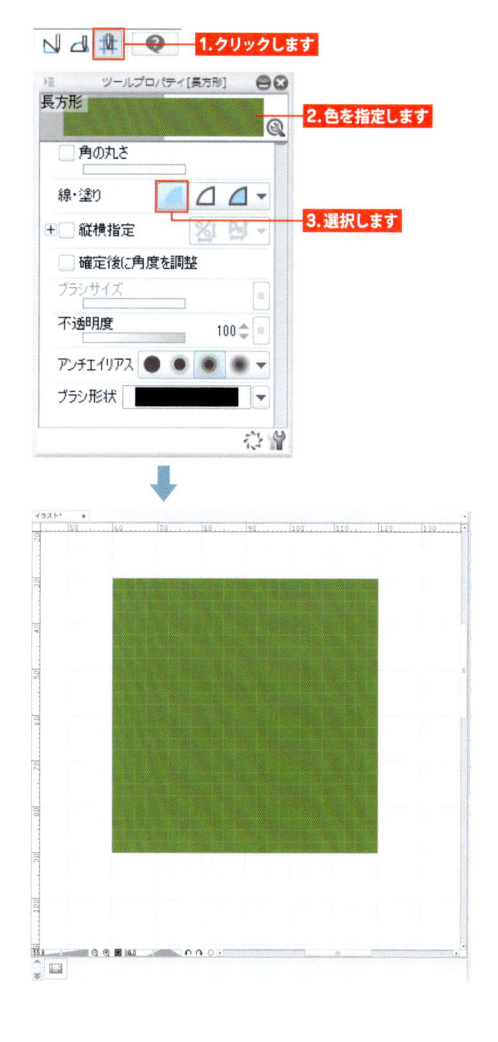

Level 5

3 ベースの色の上にレイヤーを作成し、イラストを描きます。

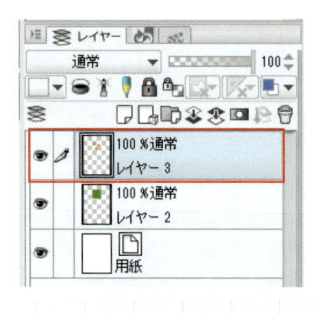

4 ［長方形選択］ツールを選択して、下のはみ出たイラストを選択します。

5 ［レイヤー移動］ツールに持ち替え、選択した画像を Shift キーを押しながら上にドラッグして持っていきます（ Shift キーを押しながらのドラッグで、垂直・水平方向に移動できます）。
これから作成するパターンブラシは、この画像を縦方向に繰り返して描画できるものになるため、このようにするとシームレスな素材になります。

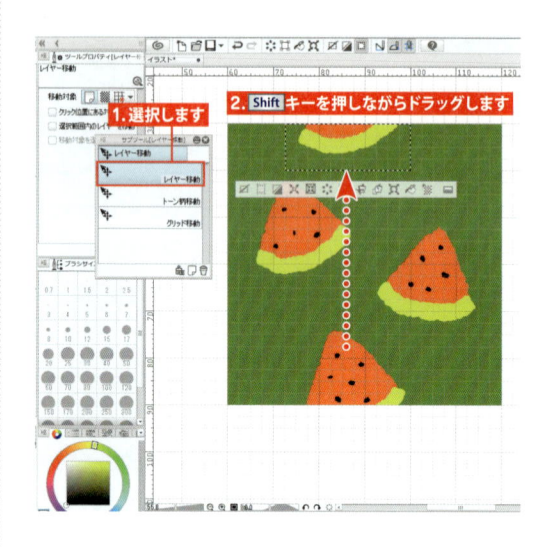

6 ［レイヤー］メニュー ➡ ［下のレイヤーと結合］（ Ctrl ＋ E キー）で、イラストとベースの色のレイヤーを結合します。

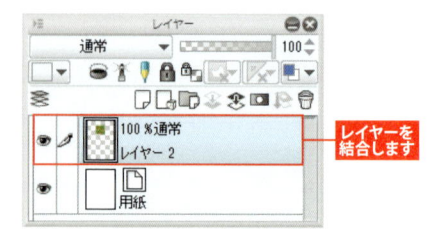

7 ［長方形選択］ツールで素材になる画像を選択します。

選択します

8 ［編集］メニュー ➡ ［素材登録］➡ ［画像］を選択すると、［素材のプロパティ］ダイアログボックスが表示されます。

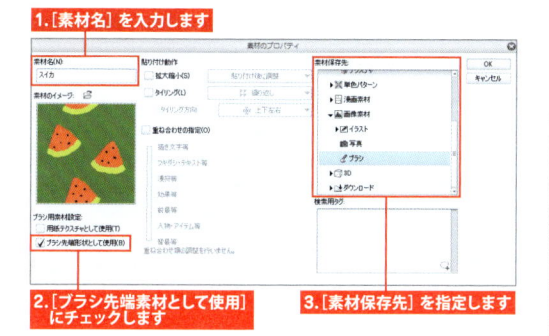

1.［素材名］を入力します
2.［ブラシ先端素材として使用］にチェックします
3.［素材保存先］を指定します

Point 検索用タグ

［検索用タグ］を追加しておくと、素材が見つかりやすくなるので便利です。

9 パターンブラシ用にブラシを複製します。ここでは、［ミリペン］をベースにしました。

10 ［サブツール詳細］パレットを開いて、［ブラシ先端］➡ ［先端形状］の［素材］を選択します。
「ここをクリックして先端形状を追加してください」の部分をクリックします。

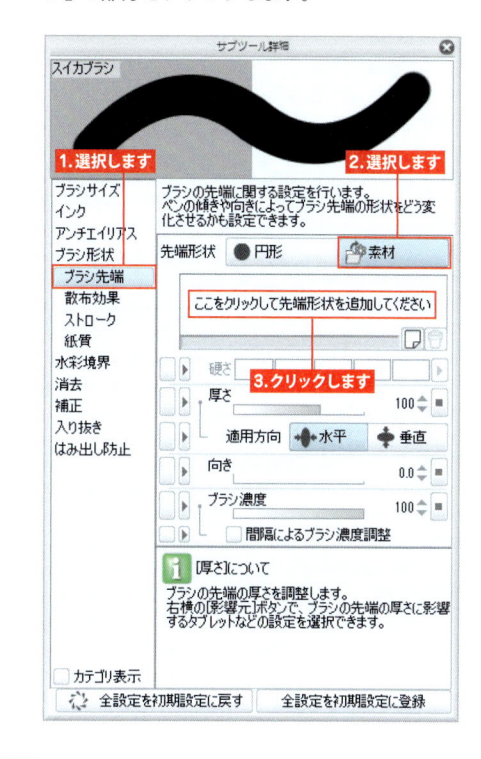

1.選択します
2.選択します
3.クリックします

11 ［ブラシ先端形状の選択］ダイアログボックスが表示されるので、登録した画像を選択します。見当たらないときは、検索キーワードで素材名を入力すると、すぐに見つかります。

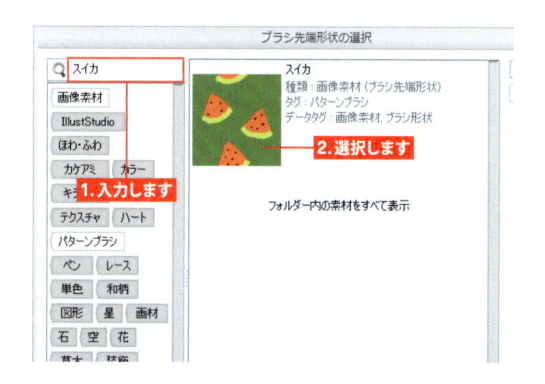

1.入力します
2.選択します

12 [サブツール詳細] パレットの [ストローク] で [リボン] にチェックを入れます。

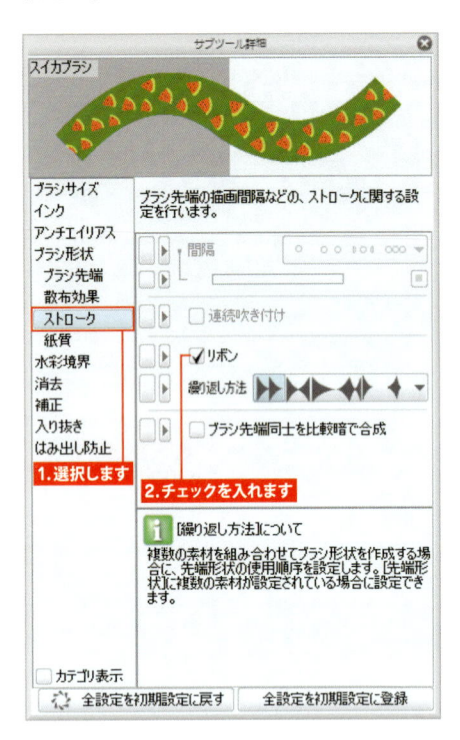

13 パターンブラシが作成されました。マスキングテープのようにイラストが繰り返されるブラシの完成です。

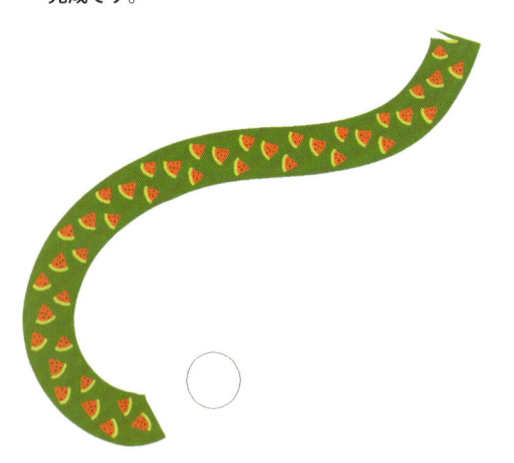

◆ 背景用のパターン模様

1 パターン模様にするための画像を用意します。

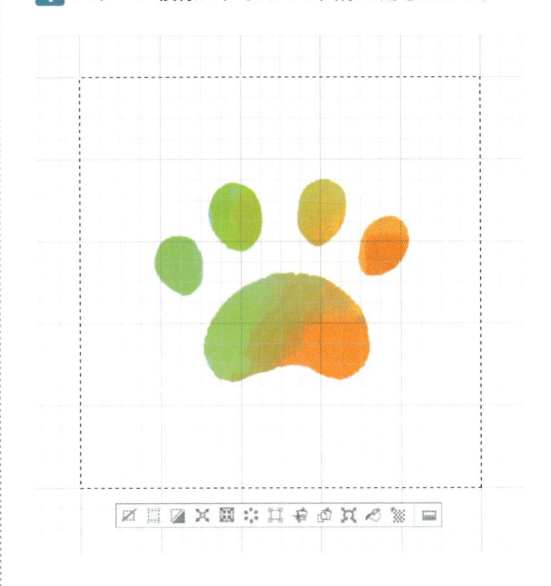

2 パターンブラシを作ったときと同様にグリッドを基準にして画像を選択し、[編集] メニュー ➡ [素材登録] ➡ [画像] から [素材のプロパティ] ダイアログボックスを表示します。

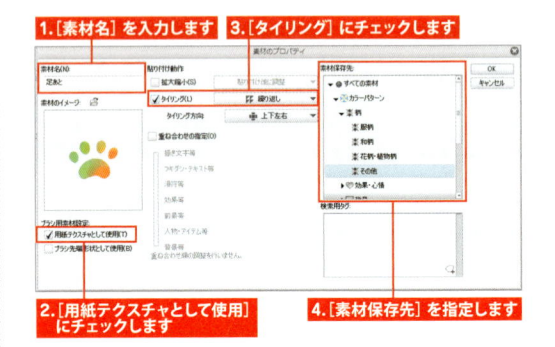

3 新規キャンバスを用意し、登録した画像からパターン模様の背景を作ります。

[素材] パレットから登録した素材をキャンバスにドラッグ＆ドロップして貼り付けます。

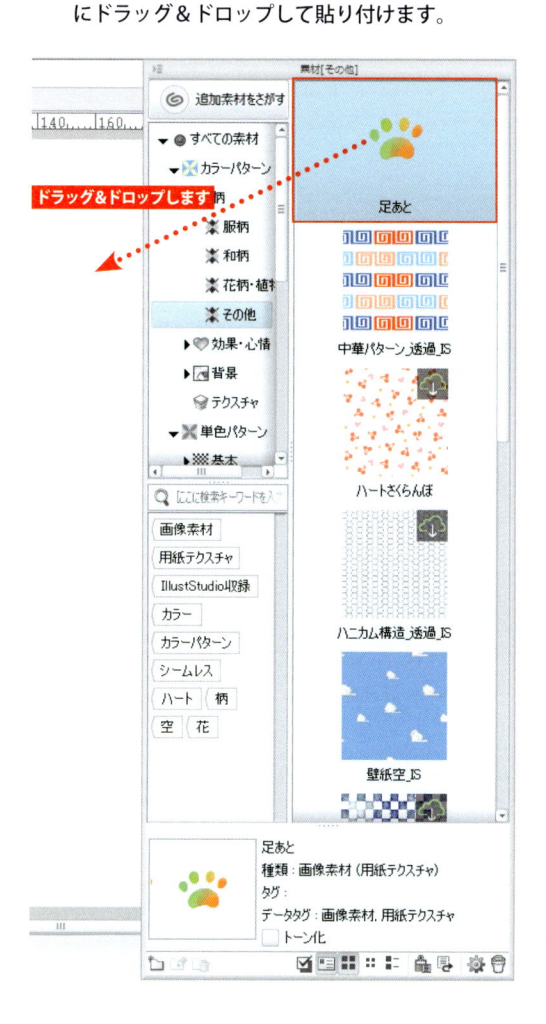

4 貼り付けた素材のレイヤーで [オブジェクト] サブツールを選択すると表示されるハンドルで、拡大・縮小や回転を行えます。

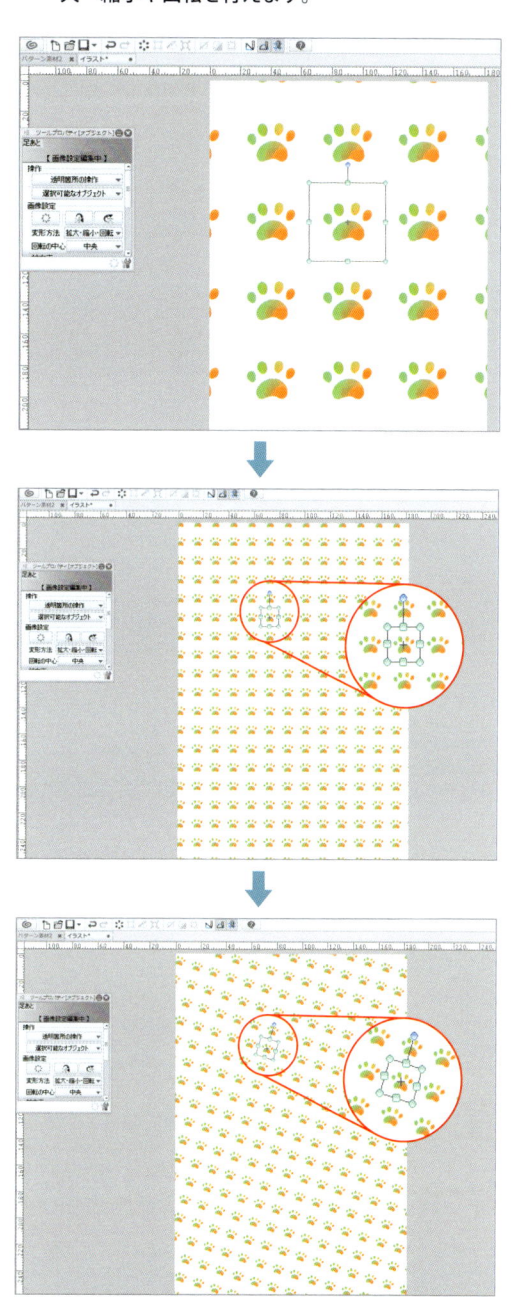

Level 5

5 ［ツールプロパティ］パレットを操作してタイリングのルールを変更できます。

6 ［タイリング］にある⊟をクリックすると、［タイリング方向］の設定が可能です。

繰り返し

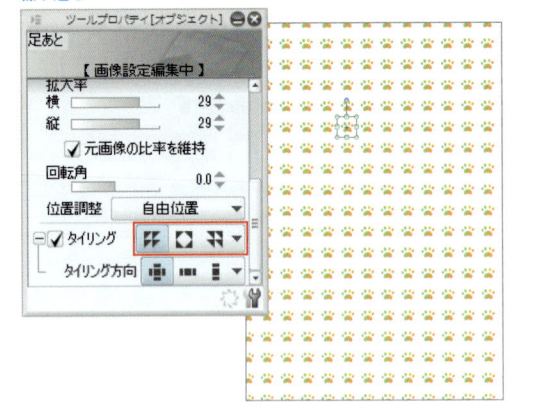

上下左右

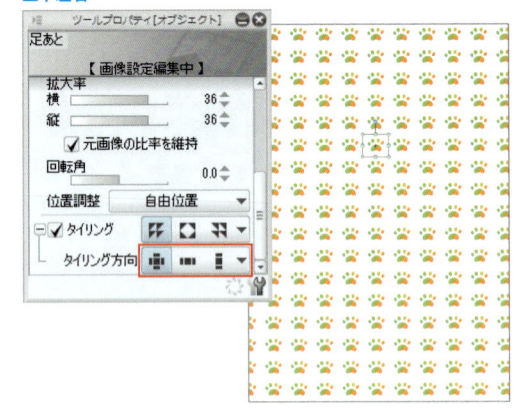

折り返し

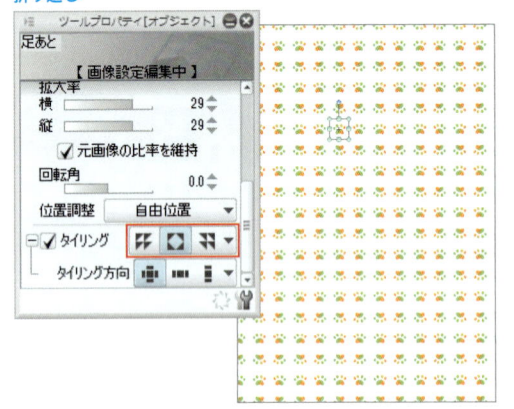

左右のみ

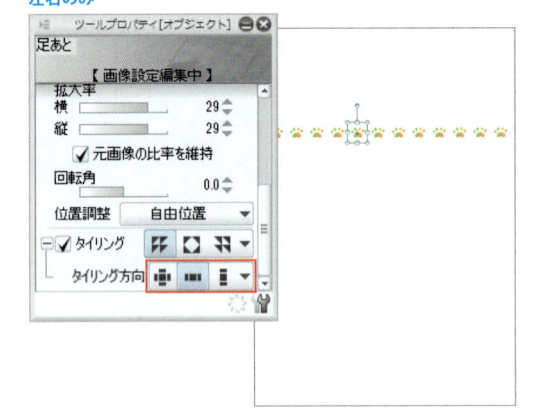

裏返し

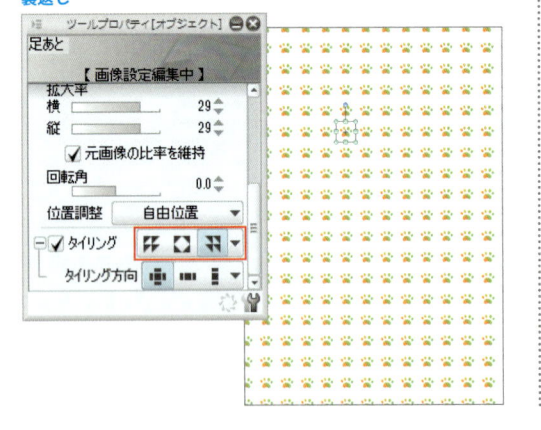

上下のみ

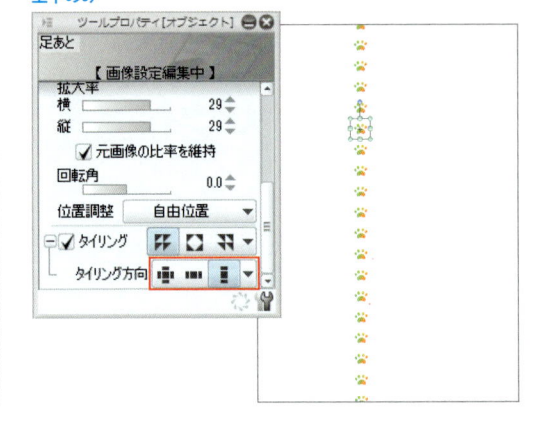

7 イラストと組み合わせてみます。パターン模様の素材を作成しておくと、手早く背景が作れて便利です。

iPad エッジキーボードを使う

iPad版では、エッジキーボードを使用すると、⌘ ・ space ・ shift などの修飾キーを操作できます。
ディスプレイの左端か右端からキャンバス方向にスワイプすると、エッジキーボードを表示できます。またエッジキーボードのいずれかのキーをタップしながらディスプレイの端にスワイプすると非表示にできます。

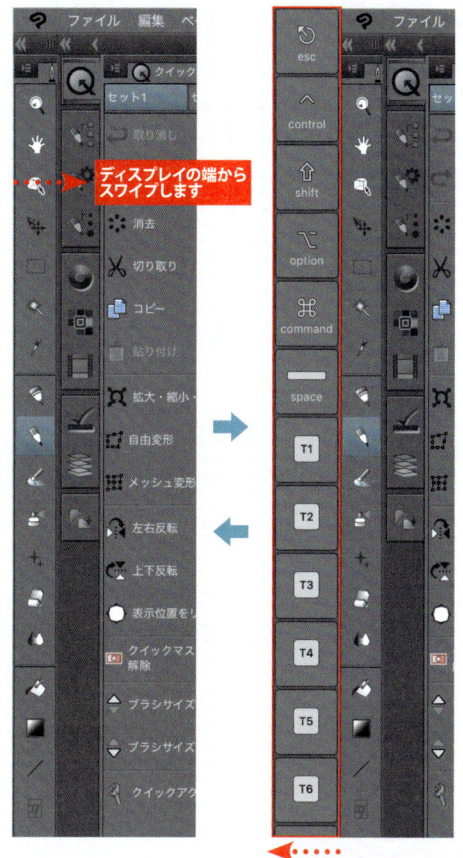

ディスプレイの端からスワイプします

いずれかのキーをタップしながらディスプレイの端にスワイプします

T1 ～ T15 のキーには、ショートカットを割り当てることができます。ショートカットは、[CLIP STUDIO PAINT] メニュー🔢 ➡ [ショートカット設定] を選択して、[ショートカット設定] ダイアログボックス（116ページ参照）で設定します。

Level 5

5-04 キャンバス設定を変更する

作業中の作品のキャンバスのサイズを変更する方法を覚えておくとよいでしょう。

◆ 画像解像度を変更する

印刷したときのサイズを変更したい場合は、[**編集**] メニュー ➡ [**画像解像度を変更**] を選択するとよいでしょう。解像度を下げて、ファイルの容量を軽くしたいときにも使用できます。

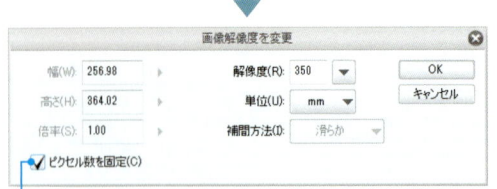

[ピクセル数を固定] をオンにすると、画像を構成するピクセルの数が固定されるため、解像度を変えても画質に変化はなくなります。ファイルの内容を軽くしたい場合は、オフにして解像度を下げ、ピクセルの数を減らすとよいでしょう。

◆ キャンバスサイズを変更する

[**編集**] メニュー ➡ [**キャンバスサイズを変更**] を選択すると、数値を入力してキャンバスサイズを変えることができます。

画像は拡大・縮小されないため、キャンバスサイズを縮小すると画像の一部が切り取られます。

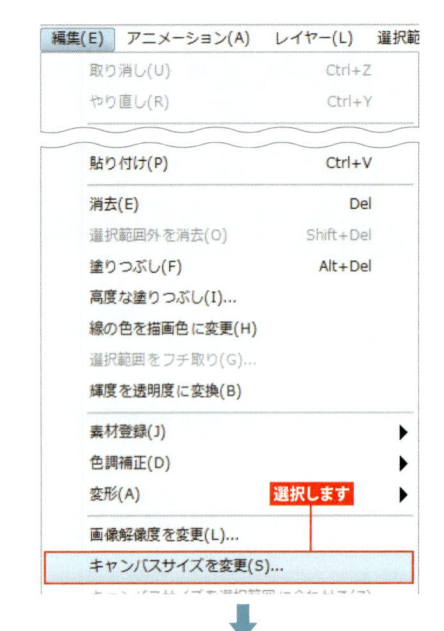

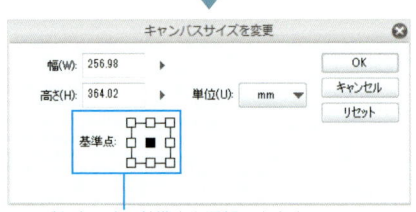

サイズを変更する基準点を選択できます。
縮小する場合は、[基準点] の設定によって画像の切り取られる部分が変わります。

数値を入力してキャンバスサイズを縮小する場合、[**キャンバスサイズを変更**] ダイアログボックスの [**基準点**] の設定によって、画像の切り取られる箇所が変わります。

[基準点] を中心に設定

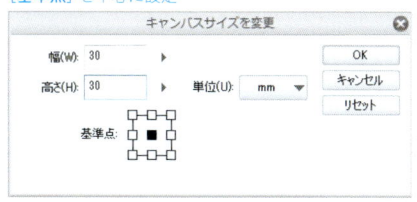

[基準点] を左上に設定

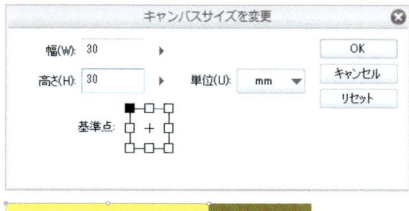

◆ キャンバスの基本設定を変更する

[**編集**] メニュー ➡ [**キャンバスの基本設定を変更**] を選択すると、キャンバスのさまざまな設定を変更できます。

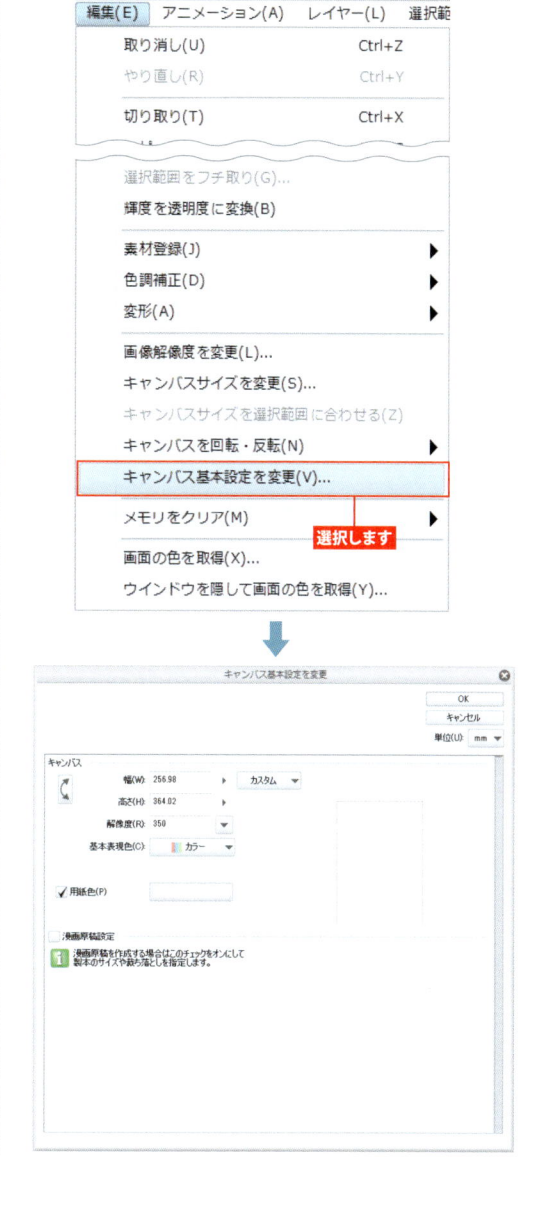

◆ 選択範囲でサイズを変更する

手軽に画像をトリミングする方法として、[**キャンバスサイズを選択範囲に合わせる**] も覚えておくと便利です。

[**長方形選択**] ツールで選択して、選択範囲ランチャーより [**キャンバスサイズを選択範囲に合わせる**] をクリックすると、キャンバスが選択範囲のサイズに変更されます。

キャンバスサイズを
選択範囲に合わせる

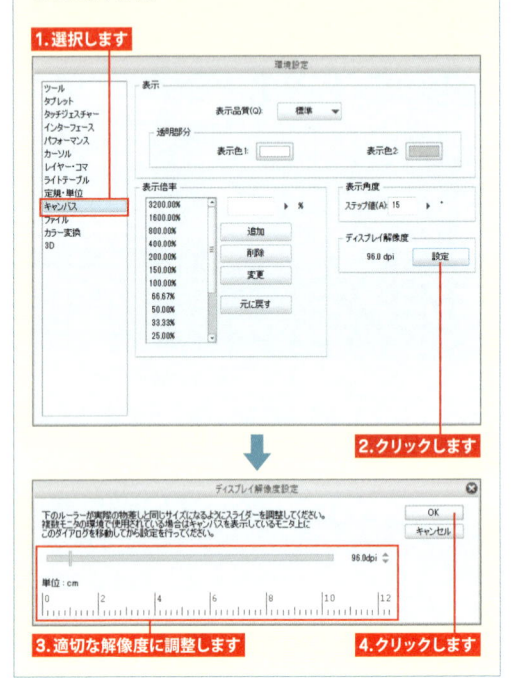

トンボ付きのキャンバスを作成する

5-05

印刷所に入稿する原稿にする場合には、作成したキャンバスにトンボを付けたほうがよいでしょう。

◆ トンボとは

印刷所では、印刷する際、紙を裁断して本やチラシなどのサイズにします。そのため、印刷用の原稿にはトンボという裁断するためのガイド線が必要です。

CLIP STUDIO PAINT では、[**コミック**] の設定でキャンバスを作成すると、トンボが表示されます。

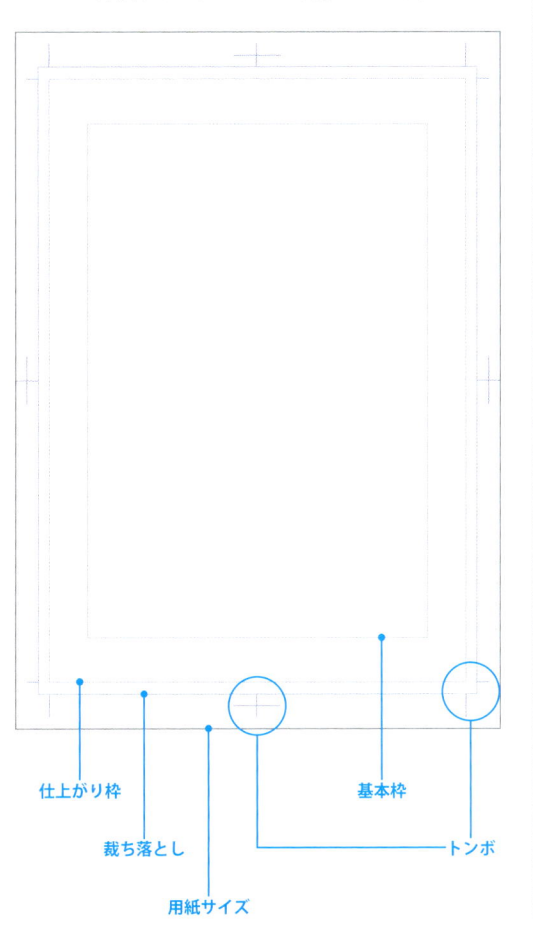

仕上がり枠
裁ち落とし
基本枠
トンボ
用紙サイズ

◆ コミック用のキャンバス作成

[**ファイル**] メニュー ➡ [**新規**]（ **Ctrl** ＋ **N** キー）でキャンバスを作成する際に、[**作品の用途**] を [**コミック**] にすることで、トンボ付きのキャンバスを作成できます。

設定方法

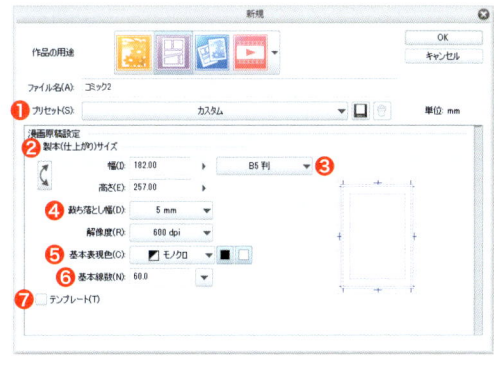

❶ **プリセット**

用意された設定を選択できます。たとえば A4 サイズでカラーイラストを作成したい場合は [**A4 判カラー（350dpi）**] を選択するとよいでしょう。

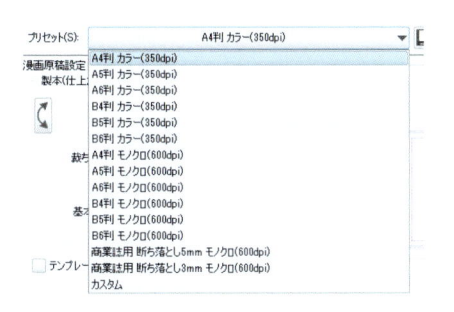

Level 5

❷製本（仕上がり）サイズ

印刷されるサイズです。トンボを表示するため、キャンバスは製本サイズより大きなサイズに自動的に設定されます。サイズは mm 単位です。

❸既定のサイズ

用意された既定のサイズから選ぶことが可能です。

❹裁ち落とし幅

紙の端まで絵がある場合は、製本サイズより 3 〜 5mm はみ出して描きます。これを**裁ち落とし**といいます。裁ち落とし幅とは、製本サイズから裁ち落としまでの幅のことです。[**5mm**]と[**3mm**]から選びます。

❺基本表現色

基本になる表現色を [**カラー**]・[**グレー**]・[**モノクロ**]から選択します。

[**グレー**]・[**モノクロ**]の場合は、黒・白・透明色を制限する設定が可能です。特にこだわりがなければ[**両方のボタンがオン**]にしておきます。

- ● 両方のボタンがオン
  通常は、黒ボタン・白ボタン両方をオン（水色の状態）にしておくとよいでしょう。
  黒・白・透明色が使える設定です。

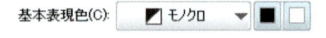

- ● 黒ボタンだけがオン
  描画色に白を使用できません。黒と透明色しか描画できなくなります。[**グレー**]の場合、描画色が黒から透明色への階調になります。

- ● 白ボタンだけがオン
  描画色に黒を使用できません。白と透明色でしか描画できなくなります。[**グレー**]の場合、描画色が黒から透明色への階調になります。

❻基本線数

主に、マンガを描く際のトーンの基本線数を指定します。

❼テンプレート

テンプレートの設定を読み込めます。

◆ さらに細かく設定する

[**作品の用途**] ➡ [**コミック**] では、製本サイズによってキャンバスの大きさが自動的に決まるため、自分でサイズを決められません。キャンバスの大きさや、さらに詳細な設定を行いたい場合は、[**作品の用途**]から[**すべてのコミック設定を表示**]を選択できます。

設定例を見てみましょう。同人誌でよく使用される B5 サイズでイラスト用のトンボ付きキャンバスを作ってみます。

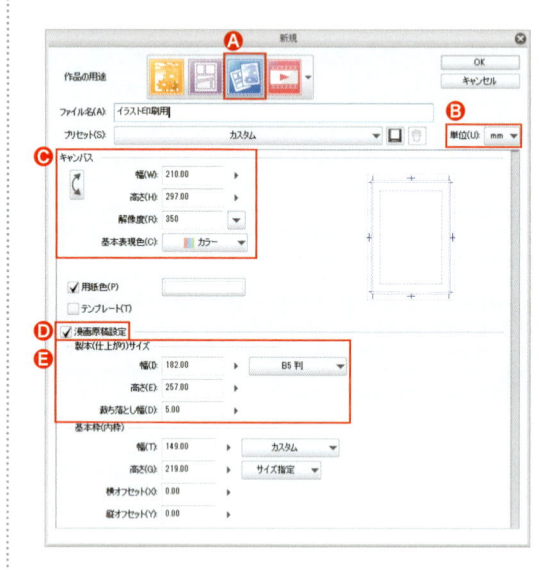

Ⓐ [**作品の用途**] で [**すべてのコミック設定を表示**]を選びます。

Ⓑ 単位は [**mm**] に設定します。

Ⓒ [**キャンバス**] のサイズはⒺの [**製本（仕上がり）サイズ**]を設定すると、それに応じたサイズに変更されます。必要に応じて、数値を再入力することもできます。[**基本表現色**]は[**カラー**]、解像度は[**350dpi**]にします。

Ⓓ [**漫画原稿設定**] にチェックを入れます。

Ⓔ [**製本（仕上がり）サイズ**]をB5サイズにします。ここでは、[**既定のサイズ**]から[**B5版**]を選びました。[**断ち落とし幅**]は[**5.00**]にしました。

> **Point** [**基本枠（内枠）**]はマンガのコマを配置する基準になるガイドのことです。マンガを描く場合、必要に応じて設定します。

◆ トンボつきデータの出力

Adobe Photoshop 形式の画像は印刷業界ではよく扱われるため、どこの印刷所でも対応してもらえます。印刷入稿用のトンボ付きデータは、**[.psd]**（Photoshop）形式で書き出すとよいでしょう。

1 ［ファイル］メニュー ➡ ［画像を統合して書き出し］ ➡ ［.psd（Photoshop ドキュメント）］を選択します。

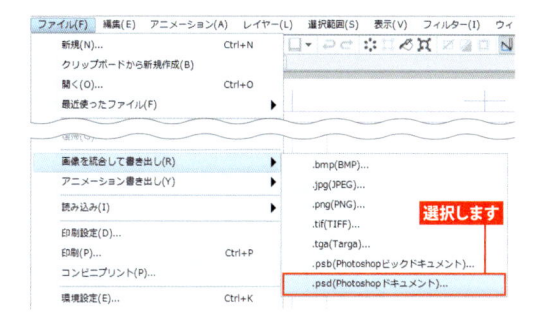

2 ［psd 書き出し設定］ダイアログボックスが表示されます。「トンボ付き、カラーのイラスト」を書き出すケースとして、次のように設定しました。

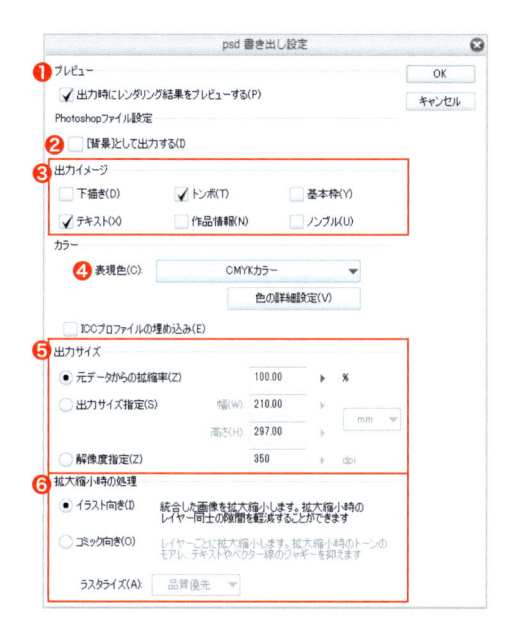

❶プレビュー

オンにすると、書き出すときにプレビュー画面で書き出しの結果を確認できます。

❷［背景］として出力する

オンにすると、Photoshop で開いたときに**［背景］**レイヤー（編集できないレイヤー）として書き出されます。オフのままでも問題ありません。

❸出力イメージ

チェックが入った項目が出力されます。**［トンボ］**には、必ずチェックを入れておきます。

［テキスト］は画像に**［テキスト］**レイヤーを書き出したいときにチェックしておきます。**［基本枠］**は不要なので、必ずチェックを外しておきましょう。

❹表現色

モノクロ原稿の場合には**［モノクロ 2 階調（閾値）］**で（または**［モノクロ 2 階調（トーン化）］**）、グレーの場合には**［グレースケール］**、カラーは**［CMYK］**を選択します。

> **Point** **［CMYK］**で書き出して、著しく色が変わってしまった場合は、再度**［RGB］**で書き出して、印刷所に相談してみるとよいかもしれません。
> あらかじめ、CMYKの画像の書き出し結果をプレビューする方法（210ページ参照）でも確認しておくとよいでしょう。

❺出力サイズ

出力される画像のサイズを決めます。リサイズ（サイズ調整）する必要がなければ、特に設定しないでいいでしょう。

❻拡大縮小時の処理

イラストの場合には**［イラスト向き］**、マンガの場合には**［コミック向き］**を選択します。

PRO EX PC iPad

5-06 [クイックアクセス]パレットを便利に使う

[クイックアクセス] パレットは、よく使うツールや機能を登録しておけるパレットです。

◆ [クイックアクセス] パレットの場所

[クイックアクセス] パレットは、[素材] パレットと同じパレットドックに格納されています。

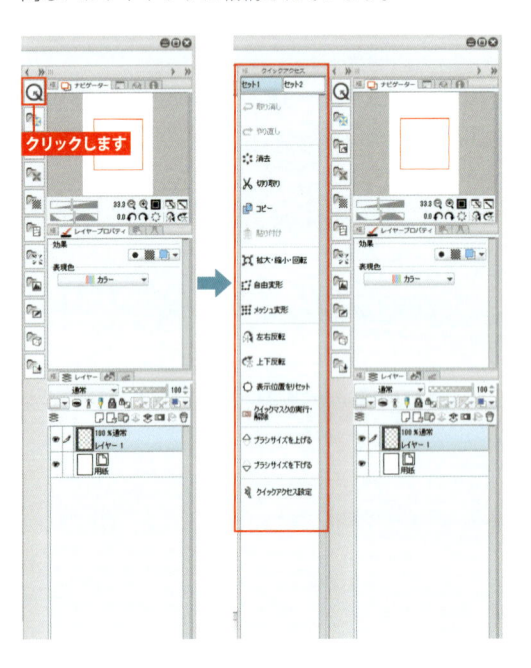

クリックします

◆ セットの作成と削除

[クイックアクセス] パレットは、登録内容の違う「セット」をいくつも作成できます。用途ごとにセットを分けると便利です。

新規のセットを作成するときは、[クイックアクセス] パレットのメニュー表示から [セットを作成] を選択します。

初期状態には、[セット 1] と [セット 2] があります。使わないセットは、メニュー表示の [セットを削除] を選択すると削除できます。

セットを作成

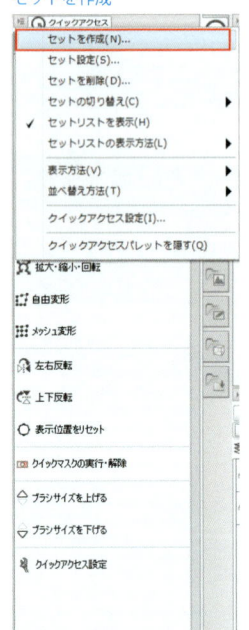

セットを削除

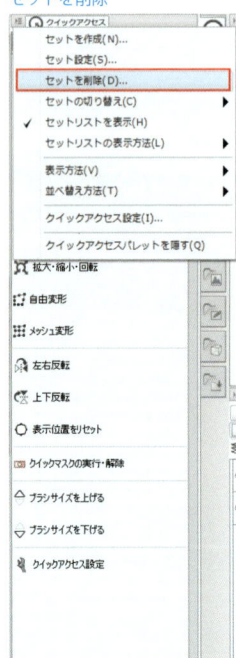

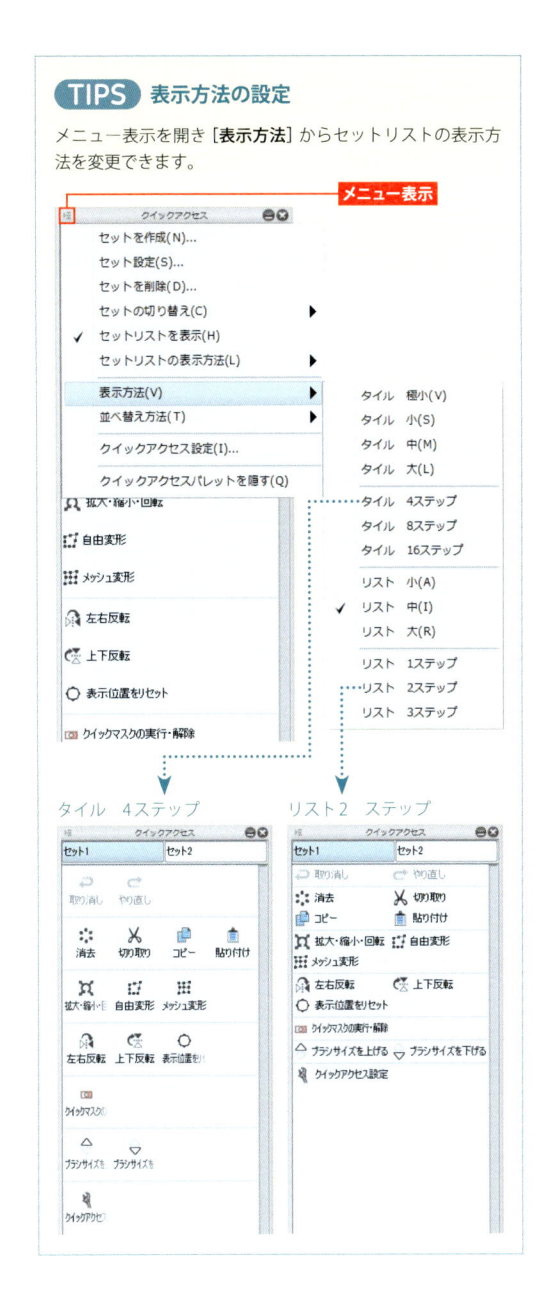

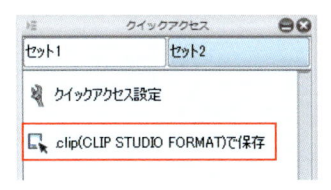

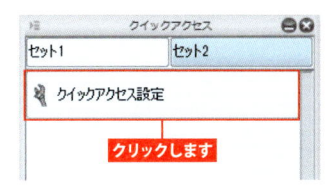

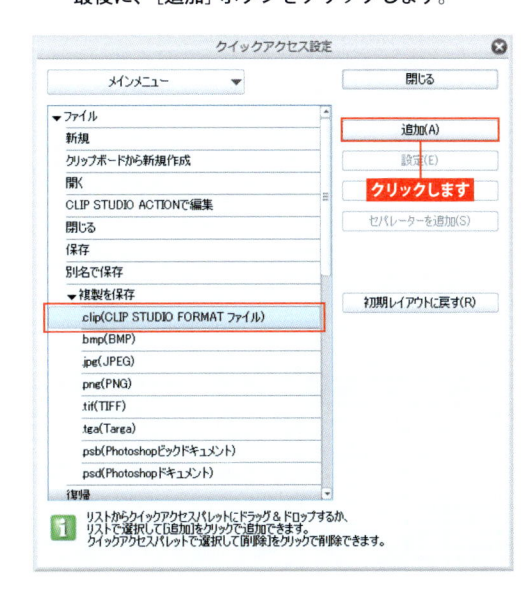

TIPS　表示方法の設定

メニュー表示を開き［**表示方法**］からセットリストの表示方法を変更できます。

タイル　4ステップ

リスト2　ステップ

◆ 機能を追加する

1　［クイックアクセス］パレットに、よく使う操作をボタンとして追加できます。

2　［クイックアクセス設定］をクリックします。

3　［クイックアクセス設定］ダイアログボックスでメニューからの操作などを追加できます。
　　ここでは、［メインメニュー］で［ファイル］➡
　　［複製を保存］➡［.clip（CLIP STUDIO FORMAT
　　ファイル）］を選択しました。
　　最後に、［追加］ボタンをクリックします。

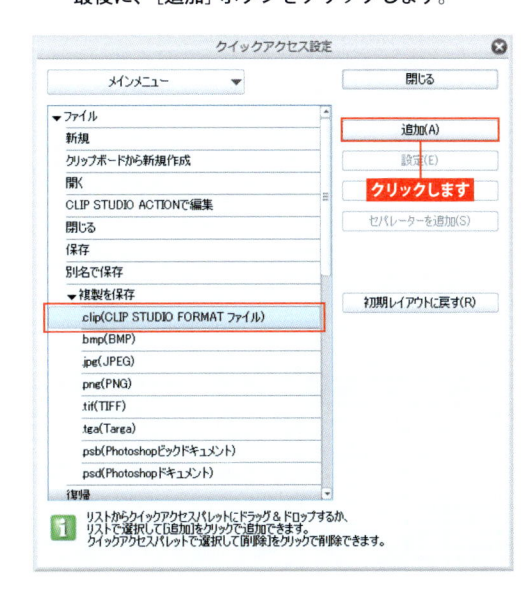

4 ボタンが追加されました。

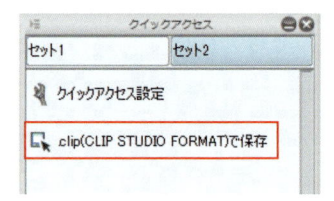

> **TIPS** **ボタンを削除する**
>
> 削除したいボタンの上で右クリックして［**削除**］を選択すると、追加した機能を削除できます。
>
>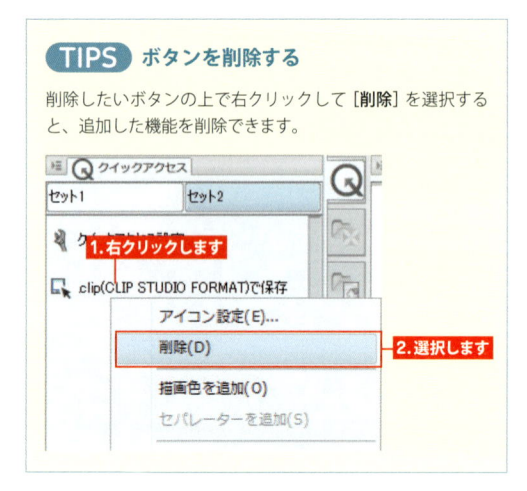

◆ ツールを追加する

サブツールのアイコンを［**サブツール**］パレットから［**クイックアクセス**］パレットにドラッグ＆ドロップで追加できます。

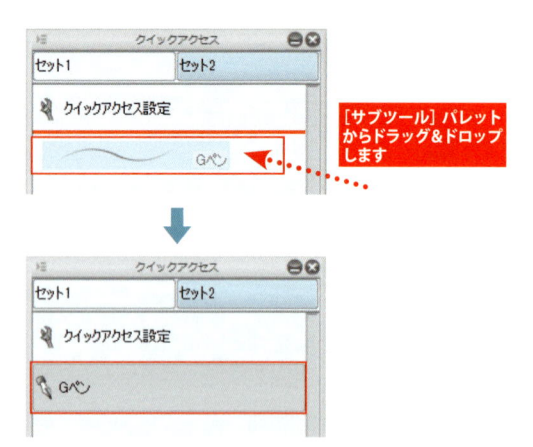

◆ 描画色を追加する

［**クイックアクセス**］パレットの空欄を右クリックしてショートカットメニューから［**描画色を追加**］を選択し、現在の描画色を追加します。

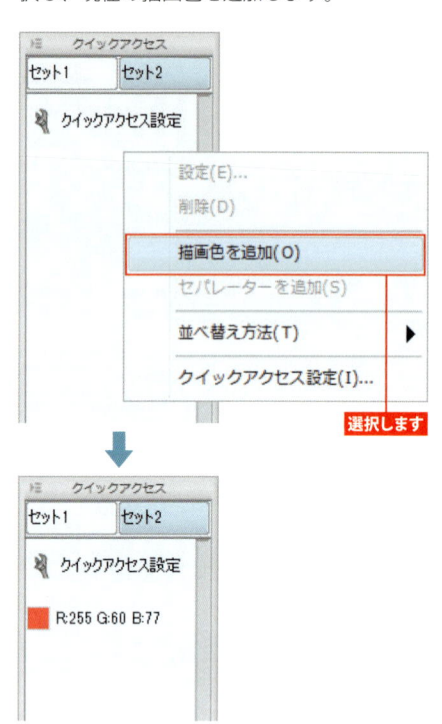

5-07 参考画像をサブビューに表示する

参考にしたい写真やイラストの画像を［サブビュー］パレットで表示しながら作業できます。

◆ ［サブビュー］の場所

［**サブビュー**］パレットは、初期設定では［**ナビゲーター**］パレットと同じパレットドックに格納されています。

[サブビュー] パレット

◆ 参考画像の読み込み

［**読み込み**］からファイルを選択すると、［**サブビュー**］パレットに表示できます。

読み込み

Point 画像ファイルを［**サブビュー**］パレットにドラッグ＆ドロップしても、画像の読み込みが可能です。

◆ 参考画像の色を取得する

1 ［自動でスポイトに切り替え］をオンにすると、［サブビュー］パレット上ではマウスカーソルが常に［スポイト］になり、参考画像の色を取得できるようになります。

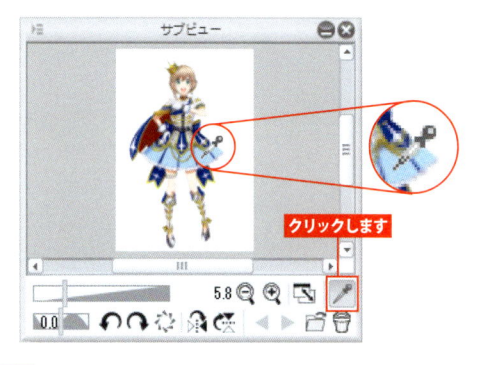

クリックします

Point ［自動でスポイトに切り替え］がオフのときは、［サブビュー］パレット上でのマウスカーソルは［手のひら］で表示されます。

2 取得したい色の場所でクリックします。

［スポイト］でクリックします

Level 5

3 参考画像の色を描画色にできました。

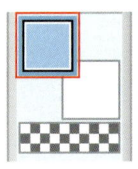

◆ 表示の編集

　表示倍率の拡大・縮小や回転、反転などの操作も行えます。

❶拡大・縮小スライダー

　スライダーで[**サブビュー**]パレットの表示倍率を変更します。

❷ズームアウト

　[**サブビュー**]パレットの画像を縮小表示します。

❸ズームイン

　[**サブビュー**]パレットの画像を拡大表示します。

❹フィッティング

　オンにすると、パレットのサイズを変更しても全体が収まるサイズで表示されます。

❺回転スライダー

　スライダーで[**サブビュー**]パレットの画像の表示を回転します。

❻左回転

　[**サブビュー**]パレットの画像の表示を左回転します。

❼右回転

　[**サブビュー**]パレットの画像の表示を右回転します。

❽左右反転

　[**サブビュー**]パレットの画像の表示を左右に反転します。

❾上下反転

　[**サブビュー**]パレットの画像の表示を上下に反転します。

◆ 複数の参考画像を読み込む

　[**サブビュー**]パレットには、複数の画像を読み込むことができますが、表示される画像は1つです。

　画像を切り替えるには、[**前の画像へ**]◀または[**次の画像へ**]▶をクリックします。

クリックします

◆ [サブビュー] から消す

[**サブビュー**] パレットから参考画像を削除したい場合は、[**クリア**] 🪣 をクリックします。

クリックします

TIPS 資料画像を集めよう

普段から資料になる画像を集めておくとよいでしょう。
たとえばファッション系のサイトや雑誌は、モデルの立ち姿の写真が多いため、ポーズの参考になります。
デジタルデータであれば、小物、風景、服など、資料になる画像ファイルをフォルダ分けしておいて、いざというときに役立てましょう。

---

iPad　iPadとPC間でファイルを共有する

CLIP STUDIOのクラウドサービスを利用すると、iPadとPC間でファイルを共有できます。クラウドサービスの利用はCLIP STUDIOアカウントが必要です。

1 ファイル共有のためにiPad版で作成した作品をアップロードします。[CLIP STUDIO PAINT] メニュー 🔽 ➡ [CLIP STUDIOを開く] を選択します。

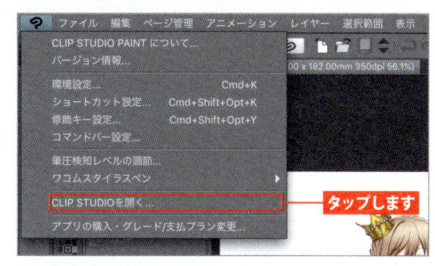

タップします

2 CLIP STUDIOを起動して、[ログイン] からCLIP STUDIOアカウントでログインします。

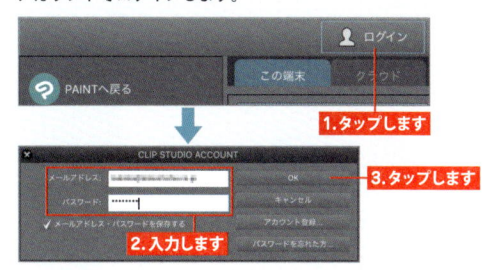

1.タップします

2.入力します

3.タップします

3 [作品管理] ➡ [この端末] をタップして、共有したい作品の [いますぐ同期] をタップすると、クラウドに作品がアップロードされます。

1.タップします

2.タップします

3.タップします

4 PC側でCLIP STUDIOを起動して、[作品管理] ➡ [クラウド] よりダウンロードしたい作品を選択します。

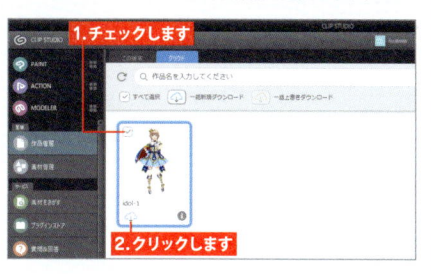

1.チェックします

2.クリックします

Level 5

CMYK画像を書き出す

5-08

印刷用に画像を書き出すときは［表現色］をCMYKカラーに設定します。書き出し前にCMYK変換後の画像を確認するとよいでしょう。

◆ CMYKプレビュー

CLIP STUDIO PAINTは**RGB**で色を表現しています。そのため、書き出し時に**CMYK**に変換すると、色味が変わって見えることがあります。特に青〜緑で彩度の高い色は、くすんでしまうことが多いようです。

CMYKプレビューを使用すると、CMYK変換後の色を確認することができます。

印刷用のカラー原稿を作成するときに活用するとよいでしょう。

1　［表示］メニュー ⇒ ［カラープロファイル］ ⇒ ［プレビューの設定］を選択します。

2　［プレビューするプロファイル］で［CMYK:Japan Color 2001 Corted］を選択します。これが、日本国内で最も標準的なCMYKの設定です。

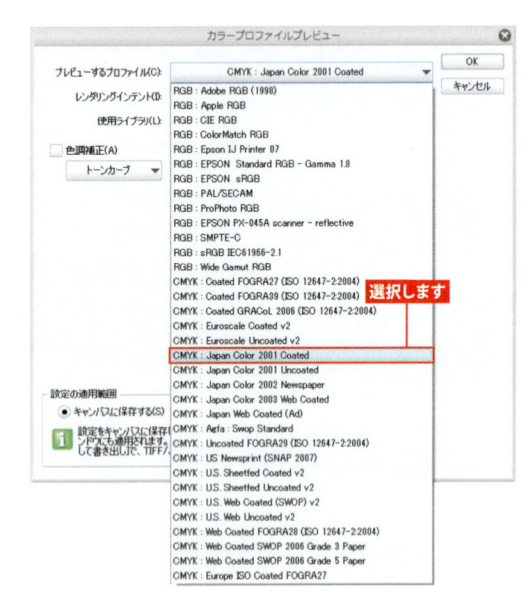

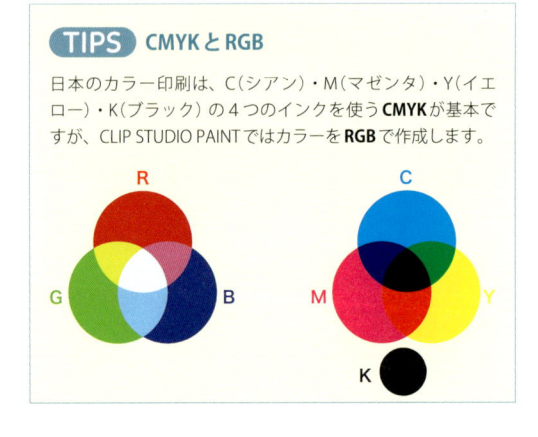

3 ［表示］メニュー ➡ ［カラープロファイル］➡ ［プレビュー］にチェックマークがついているとき、キャンバスの画像がCMYK変換後の色にプレビュー表示されます。

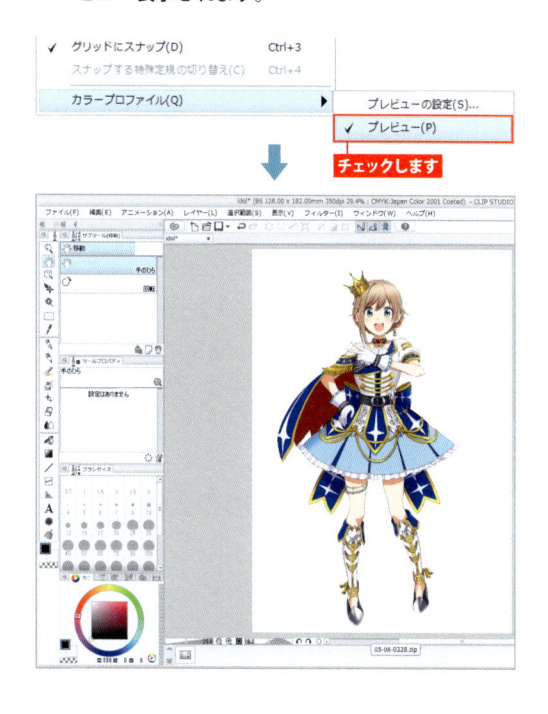

◆ CMYKの書き出し

CMYK に変換できる形式は JPEG、TIFF、Photoshop ですが、JPEG は圧縮による画像の劣化があるため印刷ではあまり使用されません。

印刷用の画像は、TIFF か Photoshop 形式で書き出すのがおすすめです。

書き出しの例（Photoshop ドキュメント形式）

1 ［ファイル］メニュー ➡ ［画像を統合して書き出し］➡ ［.psd（Photoshop ドキュメント）］を選択します。

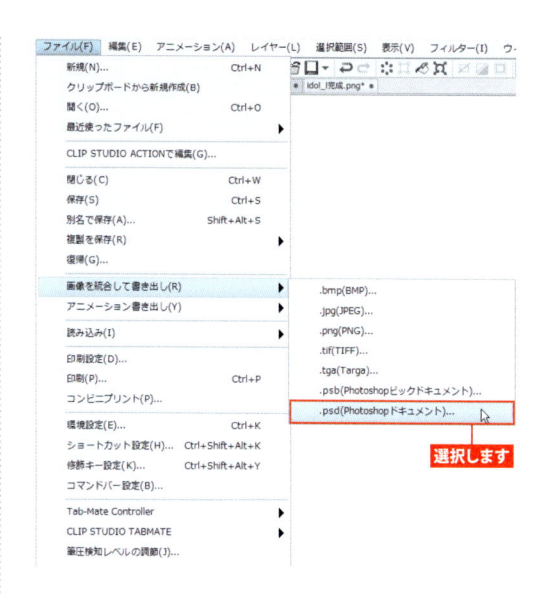

2 保存先を指定すると、［psd書き出し設定］ダイアログボックスが表示されます。［表現色］で［CMYKカラー］を選択して書き出します。TIFF形式で書き出す場合も同じです。

Level 5

211

よく使うショートカットキー

[手のひら]	Space キー	[虫めがね]（ズームアウト）	Alt + Space キー
[オブジェクト]	Ctrl キー	[回転]	Shift + Space キー
[虫めがね]（ズームイン）	Ctrl + Space キー ※macOSの場合、 先に Space キー を押してから ⌘ キー	[スポイト]	右クリック

メニューコマンド

新規	Ctrl + N キー	新規ラスターレイヤー	Ctrl + Shift + N キー
開く	Ctrl + O キー	下のレイヤーと結合	Ctrl + E キー
閉じる	Ctrl + W キー	選択中のレイヤーを結合	Shift + Alt + E キー
保存	Ctrl + S キー	表示レイヤーを結合	Ctrl + Shift + E キー
別名で保存	Shift + Alt + S キー	すべてを選択	Ctrl + A キー
印刷	Ctrl + P キー	選択を解除	Ctrl + D キー
取り消し	Ctrl + Z キー	再選択	Ctrl + Shift + D キー
やり直し	Ctrl + Y キー	選択範囲を反転	Ctrl + Shift + I キー
切り取り	Ctrl + X キー	ズームイン	Ctrl + + （テンキー）
コピー	Ctrl + C キー	ズームアウト	Ctrl + − （テンキー）
貼り付け	Ctrl + V キー	100%	Ctrl + Alt + 0 キー
消去	Delete キー	全体表示	Ctrl + 0 キー
選択範囲外を消去	Shift + Delete キー	表示位置をリセット	Ctrl + @ キー
塗りつぶし	Alt + Delete キー	ルーラー	Ctrl + R キー
色相・彩度・明度	Ctrl + U キー	メインカラーと サブカラーを切り替え	X キー
階調の反転	Ctrl + I キー	描画色と透明色を 切り替え	C キー
拡大・縮小・回転	Ctrl + T キー		
自由変形	Ctrl + Shift + T キー		

Index

作家プロフィール

● 亀小屋サト（Kamegoya Sato）

クリップスタジオペイントで絵を描き始めてしばらく経ちますが、まだまだ使ったことがない機能や新しい発見が尽きないので、ずっと初心者のような感覚です。

上級者になるべく、この本を読んで勉強していきたいと思います。

● 界さけ（Kaisake）

Twitter：@poll00006 <https://twitter.com/poll00006>
webサイト：https://sakeosan.wixsite.com/utp-portfolio

普段はイラスト製作や、ゲーム製作を中心に活動しております。クリスタは、製作には欠かせないソフトです。

クリスタを使い始めて3年ほど経ちますが、「こんなことできたんだ！」という機能やウラ技がまだまだあります。

これからもどんどん便利にクリスタを活用し、スピーディでクオリティの高い製作を目指していきたいです。

● 柳和孝（Yanagi Kazutaka）

こんにちは。柳和孝です。

普段は漫画のアシスタントやイラストのキャラ、背景の塗りなどをしています。FLASHで動画を作ったりもしました。

pixivはこちら→ https://www.pixiv.net/member.php?id=156439

クリスタの基本的な使い方は、この本を見ればマスターできると思います。操作方法を覚えて、漫画やイラストなど思う存分描きましょう！

● 田嶋陸斗（Tajima Rikuto）

線画の作例を担当しています。普段はマンガを描いたりしています。

◆ サイドランチ

●業務内容

漫画制作・ゲーム企画・キャラクターデザイン・イラスト制作・動画制作

●URL

http://www.sideranch.co.jp/

●主な著書

『プロ絵師の技を完全マスター キャラ塗り上達術 決定版 CLIP STUDIO PAINT PRO/EX 対応』(インプレス)

『ちょっとドキドキする女の子の仕草を描くイラストポーズ集』(エムディエヌコーポレーション)

『クリスタ デジタルマンガ＆イラスト道場 CLIP STUDIO PAINT PRO/EX 対応』(ソーテック社)

『クリスタ道場 男子キャラクター専科 CLIP STUDIO PAINT PRO/EX 対応』(ソーテック社)

CLIP STUDIO PAINT
トレーニングブック
PRO/EX対応

2018年6月30日	初版　第1刷発行
2022年10月31日	初版　第3刷発行
著者	サイドランチ
装幀	広田正康
作画	亀小屋サト・界さけ・柳和孝・田嶋陸斗
発行人	柳澤淳一
編集人	久保田賢二
発行所	株式会社ソーテック社
	〒102-0072　東京都千代田区飯田橋4-9-5　スギタビル4F
	電話 (注文専用) 03-3262-5320　FAX03-3262-5326
印刷所	大日本印刷株式会社

ⓒ2018 Sideranch
Printed in Japan
ISBN978-4-8007-1209-7

本書のご感想・ご意見・ご指摘は
http://www.sotechsha.co.jp/dokusha/
にて受け付けております。Web サイトでは質問は一切受け付けておりません。